T0195623

**essentials**

*essentials* liefern aktuelles Wissen in konzentrierter Form. Die Essenz dessen, worauf es als „State-of-the-Art" in der gegenwärtigen Fachdiskussion oder in der Praxis ankommt. *essentials* informieren schnell, unkompliziert und verständlich

- als Einführung in ein aktuelles Thema aus Ihrem Fachgebiet
- als Einstieg in ein für Sie noch unbekanntes Themenfeld
- als Einblick, um zum Thema mitreden zu können

Die Bücher in elektronischer und gedruckter Form bringen das Fachwissen von Springerautor*innen kompakt zur Darstellung. Sie sind besonders für die Nutzung als eBook auf Tablet-PCs, eBook-Readern und Smartphones geeignet. *essentials* sind Wissensbausteine aus den Wirtschafts-, Sozial- und Geisteswissenschaften, aus Technik und Naturwissenschaften sowie aus Medizin, Psychologie und Gesundheitsberufen. Von renommierten Autor*innen aller Springer-Verlagsmarken.

Weitere Bände in der Reihe http://www.springer.com/series/13088

Katja Mönius · Jörn Steuding ·
Pascal Stumpf

# Einführung in die Graphentheorie

## Ein farbenfroher Einstieg in die Diskrete Mathematik

Katja Mönius
Institut für Mathematik
Universität Würzburg
Würzburg, Deutschland

Jörn Steuding
Institut für Mathematik
Universität Würzburg
Würzburg, Deutschland

Pascal Stumpf
Institut für Mathematik
Universität Würzburg
Würzburg, Deutschland

ISSN 2197-6708 ISSN 2197-6716 (electronic)
essentials
ISBN 978-3-658-33107-8 ISBN 978-3-658-33108-5 (eBook)
https://doi.org/10.1007/978-3-658-33108-5

Die Deutsche Nationalbibliothek verzeichnet diese Publikation in der Deutschen Nationalbibliografie; detaillierte bibliografische Daten sind im Internet über http://dnb.d-nb.de abrufbar.



Planiung/Lektorat: Annika Denkert
Springer Spektrum ist ein Imprint der eingetragenen Gesellschaft Springer Fachmedien Wiesbaden GmbH und ist ein Teil von Springer Nature.
Die Anschrift der Gesellschaft ist: Abraham-Lincoln-Str. 46, 65189 Wiesbaden, Germany

# Was Sie in diesem Band der *essentials* finden können

- eine beispielorientierte Einführung in die Graphentheorie mit vielen bunten Beispielen;
- klassische Sätze über (Rund-) Wege in Graphen;
- Graphen in der Ebene und platonische Körper;
- wie man Sudokus und Party-Probleme löst;
- ein Beweis des Fünffarbensatzes, sogar des Fünflistenfärbbarkeitssatzes, und
- einige historische Anmerkungen zur bewegten Geschichte der Graphentheorie...

**Viel Spaß!**

# Vorwort

Die *Graphentheorie* ist eine recht junge mathematische Disziplin mit vielfachen Anwendungen innerhalb und außerhalb der Mathematik. Die Protagonisten lassen sich durch Zeichnungen mit Punkten und verbindenden Kanten visualisieren. Durch Reduktion auf das Wesentliche lassen sich viele komplexe Zusammenhänge in den Kontext von Graphen bringen und manchmal sogar bildlich fassen. Oft genügt ein Minimum an mathematischem Vorwissen, um interessante Beobachtungen zu ebendiesen *Graphen* zu machen. Wenn das keine Gründe sind, gleich mit der Lektüre anzufangen…

Aber es gibt darüber hinaus auch tiefere Zusammenhänge und vielleicht sogar unvermutete Anwendungen im alltäglichen Leben zu entdecken. Beispielsweise lässt sich so das Problem angehen, eine beliebige politische Karte mit möglichst wenig Farben einzufärben. Auch beim Lösen von *Sudokus,* bei der Streckenplanung der Bahn oder der Routenplanung beim Reisen kommen Graphen hilfreich zum Einsatz. Und insbesondere der visuelle Aspekt – unterstützt durch das Färben der Graphen – ermöglicht einen einfachen, *spielerischen* Zugang zur Graphentheorie. Dieses Büchlein will eine solche Einführung geben, erste Ergebnisse herleiten, die genannten Anwendungen erklären, sowie weitere aufzeigen, und schließlich motivieren, sich weiter in diese spannende Thematik einzuarbeiten.

In einem weiteren Band (Mönius et al. 2021) der *essentials* knüpfen wir an viele der hier besprochenen Themen an, jedoch betonen wir dort die algorithmische Seite der Graphentheorie, so dass dieser weitere Band sowohl als Ergänzung zu diesem, aber auch als eigenständiger Einstieg in die Graphentheorie gelesen werden kann!

Eigentlich setzen wir keinerlei Mathematikkenntnisse voraus; wenn doch etwas Neues zu kurz erklärt wird, dann kann vielleicht und hoffentlich die Lektüre von (Oswald und Steuding 2015) die Lücke schließen.

Unser Dank für die freundliche Unterstützung dieses eBüchleins gebührt Frau Dr. Annika Denkert, Dagmar Kern, sowie insbesondere Madhipriya Kumaran und dem weiteren Team vom Springer-Verlag.

Würzburg
im Oktober 2020

Katja Mönius
Jörn Steuding
Pascal Stumpf

---

Bei der technischen Umsetzung haben wir insbesondere profitiert von LATEX mit TikZ und MATHEMATICA (für die platonischen Körper und die Landkarte). Die Zeichnung Königsberg entstammt der Feder von Nicola Oswald und die vielen Graphen hat der drittgenannte Autor erstellt.

# Inhaltsverzeichnis

# 1 Es war einmal in Königsberg...

Oftmals liest man, dass die Graphentheorie mit *Leonhard Euler*s Lösung des sogenannten **Königsberger Brückenproblems** begonnen habe, und entsprechend fangen auch wir mit demselben an.

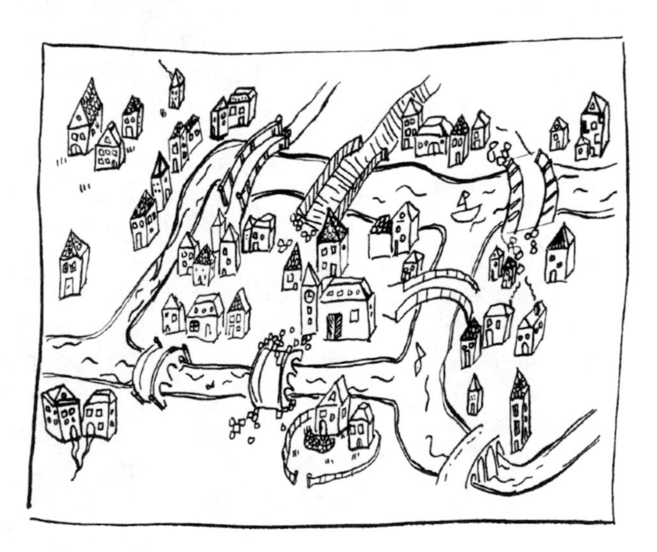

Im 18. Jahrhundert kursierte im damals preußischen Königsberg (heute Kaliningrad in der russischen Enklave zwischen Polen und Litauen) die Frage, *ob es einen Rundgang durch die Stadt gebe* (siehe obige Abbildung), *bei dem alle sieben Brücken über den Fluss Pregel genau einmal überquert werden?* Der junge *Euler* löste 1735/1736 das Rätsel wie folgt: Er benannte die vier Stadtteile als $A$, $B$, $C$, $D$ und die angren-



K. Mönius et al., *Einführung in die Graphentheorie,* essentials,
https://doi.org/10.1007/978-3-658-33108-5_1

zenden sieben Brücken als $a, b, c, d, e, f, g$, was ermöglicht, Wege als abwechselnde Folge von Groß- und Kleinbuchstaben zu notieren, wie auch das Beispiel

$$AaBfD \ldots cA$$

illustriert. Ein hypothetischer geschlossener Rundweg, der jede Brücke genau einmal benutzt, würde dann mit genau sieben Kleinbuchstaben (für die sieben Brücken) und demzufolge acht Großbuchstaben notiert werden, wobei am Anfang und am Ende der Kette derselbe stünde; deshalb ist es auch egal, mit welchem der Großbuchstaben oder Stadtteile man begönne. Euler beobachtete nun, dass dabei der Inselstadtteil, den wir etwa mit $A$ notieren, aufgrund seiner fünf abzweigenden Brücken genau dreimal auftreten müsste, während die Buchstaben der anderen Stadtteile entsprechend genau zweimal zu verzeichnen wären. Läuft man nämlich auf einem Rundweg in einen Stadtteil hinein, so muss man ja auch wieder hinaus. Sollen alle angrenzenden fünf Brücken des Inselstadtteils $A$ überquert werden, so benötigt man dazu drei Besuche der Insel, während die anderen Stadtteile mit ihren jeweils drei Brücken jeweils genau zweimal betreten werden müssen. Insgesamt ergäbe sich also so eine Zeichenkette von insgesamt

$$3 + 2 + 2 + 2 = 9 \,(\neq 8)$$

Großbuchstaben. Und dieser *Widerspruch* gegenüber den oben genannten acht zeigt, dass ein solcher Rundweg durch Königsberg nicht möglich ist.

*Euler*s Beweisführung enthält bereits wesentliche Konzepte der Graphentheorie obwohl bislang kein Graph – und auch kein Graf – aufgetreten ist! Um die wesentliche Idee zu *illustrieren,* vereinfachen wir zunächst die Geographie:

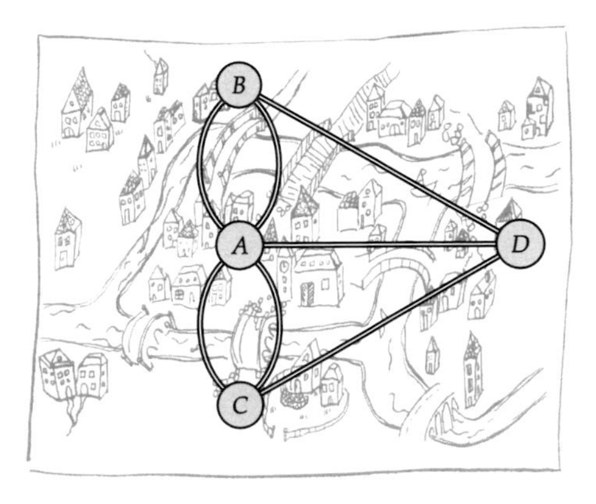

Hier haben wir die Stadtteile *Euler* folgend mit Großbuchstaben benannt. Eigentlich ist gar keine genaue Karte notwendig: Es ist für das Ausgangsproblem doch egal, wo der Hafen ist, und wo ein Stadttor steht:

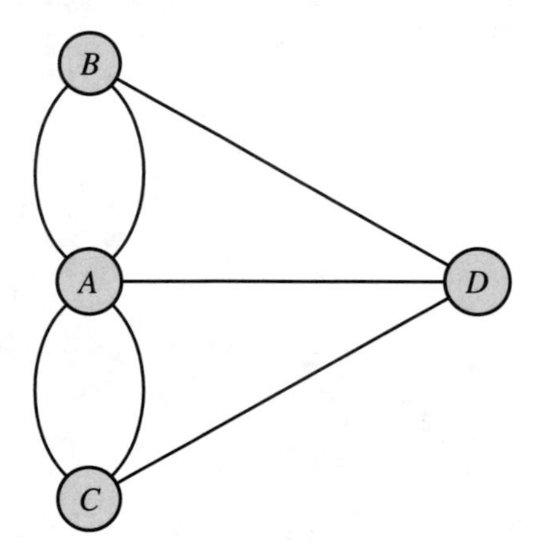


Das so entstandene Objekt ist der Prototyp eines Graphen.

Ein **Graph** $G = (V, E)$ ist ein Paar von Mengen, nämlich einer (endlichen) Menge $V$ von **Ecken** und einer Menge $E$ von **Kanten,** die jeweils aus ungeordneten Paaren von Ecken $u, v$ bestehen und wir als $\{u, v\}$ notieren.[1] Hierbei kann es auch mehrere Kanten zwischen zwei Ecken geben (wie beim Königsberger Graph oben), Kanten der Form $\{v, v\}$ lassen wir nicht zu. Ein Graph ohne mehrfache Kanten nennen wir **einfach.** Zwei Ecken $u, v \in V$ heißen **benachbart** (bzw. **adjazent**), wenn es eine verbindende Kante gibt, d. h. $\{u, v\} \in E$. Hier ein Beispiel:

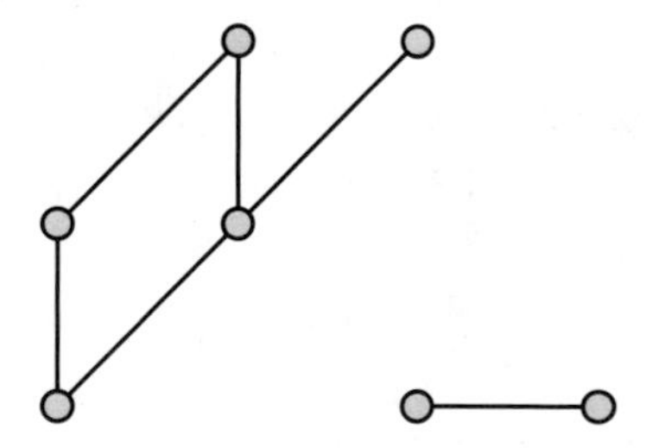

[1] Die Wahl der Buchstaben folgt hier den englischen Wörtern *vertices* und *edges.*

Um mit den neuen Begrifflichkeiten etwas vertrauter zu werden, stellen wir zunächst einige Protagonisten vor, die uns auch im Weiteren begegnen werden. Für $n \geqslant 2$ bezeichnet $K_n$ den **vollständigen Graphen** mit $n$ Ecken $1, 2, \ldots, n$, in dem je zwei verschiedene Ecken durch genau eine Kante verbunden sind und $C_n$ den **Kreis der Länge** $n$ mit Kanten $\{1, 2\}, \{2, 3\}, \ldots, \{n-1, n\}, \{n, 1\}$. Wer von diesen tritt im nachstehenden Bild auf?

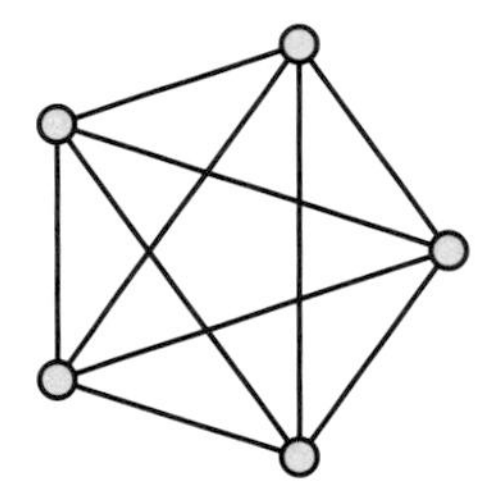
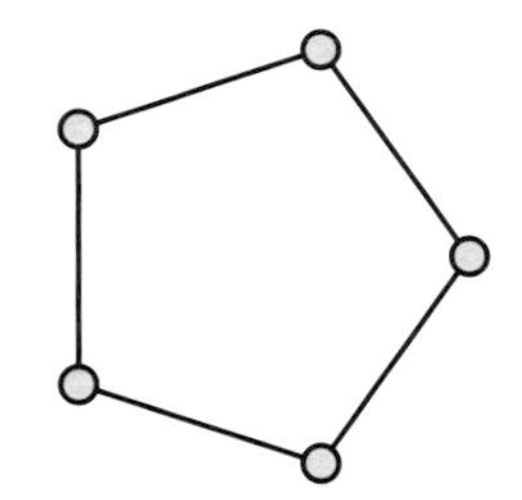
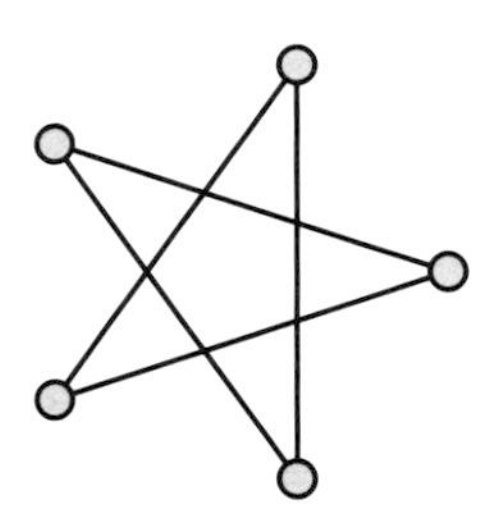

Diese Frage ist tatsächlich gar nicht so einfach zu beantworten (wie die beiden rechts stehenden Graphen zeigen), müssen wir doch zwischen einem Graphen und einer Zeichnung desselben unterscheiden! Tatsächlich verbergen sich oben zwei Graphen $C_5$. *Wieso?* Die Auflösung dieser Frage findet sich in Kapitel 3.

Und noch eine spitzfindige Frage: Sind in der obigen Abbildung drei Graphen oder ist vielleicht sogar nur einer zu sehen? Ein Graph $G = (V, E)$ heißt **zusammenhängend,** wenn es zu je zwei Ecken $u, v \in V$ stets einen **Weg** zwischen diesen, bestehend aus Ecken und *verbindenden* Kanten gibt, also $u = v_0, v_1, \ldots, v_{k-1}, v_k = v \in V$ existieren, so dass $\{v_j, v_{j+1}\} \in E$ für $0 \leqslant j < k$; in diesem Fall besitzt der Weg die **Länge** $k$, und ferner heißt der Weg **geschlossen,** wenn $u = v$ gilt. Wir können einen solchen Weg auch als einen **Teilgraphen** von $G$ auffassen.

Der **vollständige bipartite Graph** $K_{m,n} = (V, E)$ ist gegeben durch $V = \{1, \ldots, m\} \cup \{m+1, \ldots, m+n\}$ und Kanten $\{a, b\}$ mit $1 \leqslant a \leqslant m$ und $m + 1 \leqslant b \leqslant n + m$. *Wer versteckt sich hier?*

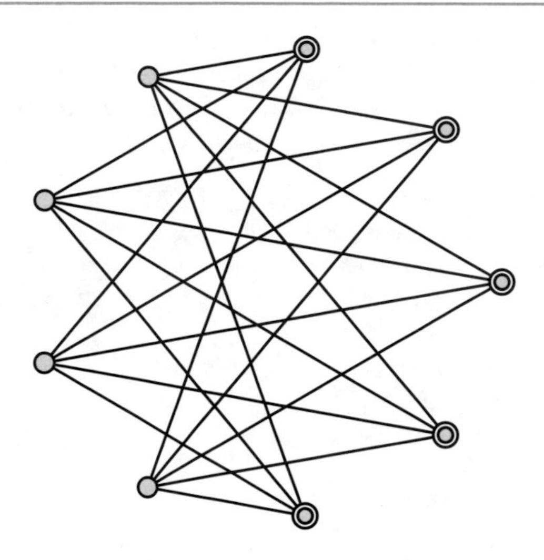

Sei $G = (V, E)$ ein Graph, so heißt ein Weg, in dem alle Kanten verschieden sind, ein **Kantenzug;** ein solcher ist ein **eulerscher Kantenzug,** wenn er jede Kante von $G$ enthält. Ist dieser außerdem geschlossen, nennen wir ihn einen **Euler-Kreis.** Und hier ein ziemlich berühmtes Beispiel eines Graphen, der einen eulerschen Kantenzug enthält:

Das - ist - das - Haus - vom - Ni - ko - laus!

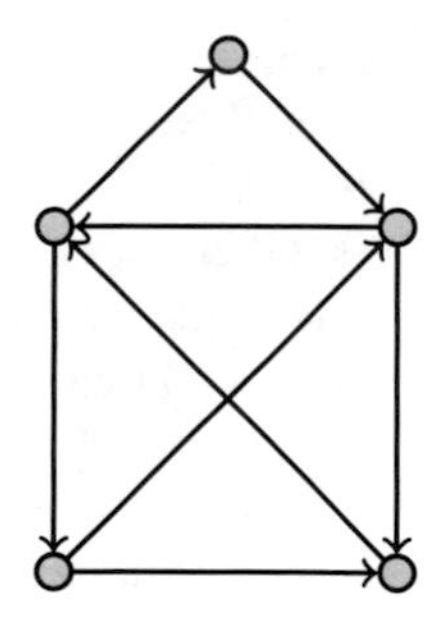

Das *Haus vom Nikolaus* lässt sich nämlich bekanntlich zeichnen, ohne dabei den Stift abzusetzen. Wie das Königsberger Brückenproblem lehrt, enthält nicht jeder Graph einen eulerschen Kantenzug. Wir beobachten, dass im Gegensatz zum Königsberger Graphen hier in den *meisten* Ecken eine *gerade* Anzahl von Kanten angrenzt. Dies passt zu *Euler*s Argumentation, denn der Besuch einer Ecke (eines Stadtteils) setzt voraus, dass man auf verschiedenen Kanten (Brücken) hinein- und herausläuft.

Mit Blick auf diese fundamentale Beobachtung sei der **Grad** $d(v)$ einer Ecke $v$ erklärt als die Anzahl der angrenzenden Kanten. Der nachstehende Satz greift dies und Eulers Lösung auf und liefert mit der von *Carl Hierholzer* 1873[2] gefundenen Erweiterung eine einfache Charakterisierung:

**Charakterisierung von Euler & Hierholzer**
*Ein zusammenhängender Graph besitzt*
(i) *genau dann einen Euler-Kreis, wenn die Grade sämtlicher Ecken gerade sind, und*
(ii) *genau dann einen eulerschen Kantenzug, wenn es höchstens zwei Ecken mit ungeradem Grad gibt.*

In der Mathematik müssen derartige Aussagen *bewiesen* werden. Hier ist entsprechend unser erster

**Beweis:** Weil jede Ecke $v$, die in einem Euler-Kreis besucht wird, auch wieder über eine andere Kante verlassen wird, muss die Anzahl der an $v$ angrenzenden Kanten gerade sein. Dies liefert bereits eine Implikation der Aussage (i).

Für die Umkehrung sei $\tau$ ein Kantenzug maximaler Länge in $G$ mit Kantenfolge $e_1 e_2 \dots e_m$, wobei $e_j = \{v_{j-1}, v_j\}$ für $j = 1, \dots, m$ verschiedene Kanten in $E$ seien und die $v_j$ Ecken in $V$. Ein solches $\tau$ existiert, denn die Anzahl der Kanten, die wir als $\sharp E$ notieren, ist endlich). Wäre nun $v_0 \neq v_m$, also $\tau$ nicht geschlossen, so gäbe es nur ungerade viele Kanten in $\tau$, die an $v_0$ angrenzen. Weil aber $d(v_0)$ gerade ist, existiert somit eine Kante $e \in E \setminus \tau$. Hinzunahme eben dieser Kante ergäbe einen Kantenzug $\tau \cup \{e\}$ der Länge $m + 1$ im Widerspruch zur Maximalität von $\tau$ (bzw. $m$). Also gilt $v_0 = v_m$ und $\tau$ *ist geschlossen.*

Es verbleibt zu zeigen, dass $\tau$ jede Kante von $G$ enthält. Hierfür bezeichne $V(\tau)$ die Menge der in $\tau$ enthaltenen Ecken und $E(\tau)$ die Menge der Kanten in $\tau$. Wäre $V(\tau) \neq V$, so gäbe es aufgrund des Zusammenhangs von $G$ eine Kante $e' = \{v_\ell, v'\} \in E$ mit $v' \notin V(\tau)$. In diesem Fall ergäbe der Kantenzug

$$e' e_{\ell+1} \dots e_m e_1 e_2 \dots e_\ell$$

[2] wenngleich man ja hier auch *Johann Benedict Listing* erwähnen könnte; siehe hierzu (Biggs 1986, S. 12).

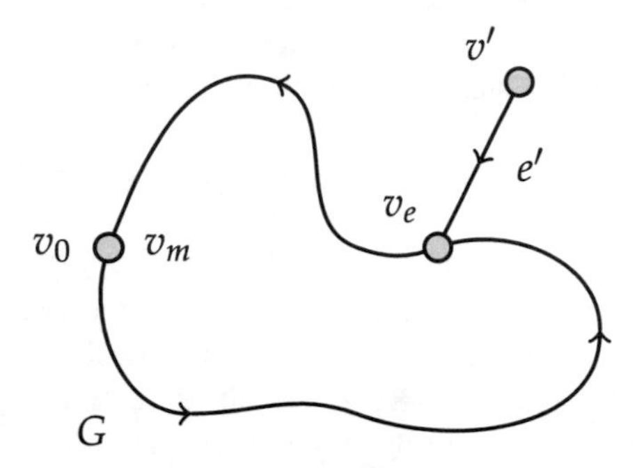


bestehend aus $m + 1$ Kanten einen Widerspruch zur Maximalität von $\tau$. Also ist $V(\tau) = V$.

Wäre nun $E(\tau) \neq E$, so existierte eine Kante $e' = \{v_i, v_j\} \in E \setminus E(\tau)$. Analog zum vorigen Fall liefert hier der Kantenzug

$$e_{i+1} \dots e_m e_1 e_2 \dots e_i e'$$

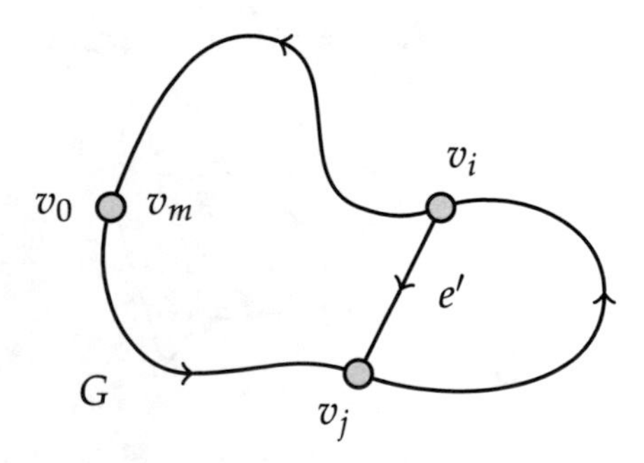


den gewünschten Widerspruch. (Es macht dabei nichts aus, dass die um $e'$ verlängerten Kantenzüge nicht geschlossen sind.) Dies schließt den Beweis von Aussage (i) ab.

Aussage (ii) folgt leicht aus (i) durch Hinzufügen einer Kante zwischen den (wenn überhaupt existenten) beiden Ecken ungeraden Grades. Damit ist die Charakterisierung vollständig bewiesen.

Reist man also in eine Stadt und extrahiert vielleicht aus dem Stadtplan, dass ein Rundgang entlang eines Euler-Kreises möglich ist, so stellt sich die Frage, *wie man einen solchen findet.* Tatsächlich liefert der obige Beweis so leider noch kein Verfahren für das Auffinden eines eulerschen Kantenzuges. Der ursprüngliche Beweis von *Hierholzer* hingegen liefert hierzu eine Antwort und den entsprechenden *Algorithmus von Hierholzer* stellen wir im zweiten Bändchen (Mönius et al. 2021) vor.

Wesentlich schwieriger als diese Charakterisierung der Graphen mit Euler-Kreisen ist die verwandte Aufgabe, bei der die Kanten gewissermaßen gegen die Ecken ausgetauscht werden. Gegeben ein Graph $G = (V, E)$, so heißt ein Kantenzug, der jede Ecke von $G$ genau einmal enthält, ein **hamiltonscher Kantenzug;** dieser enthält also keine Kante doppelt. Ist ein solcher Kantenzug geschlossen, so nennt man ihn einen **Hamilton-Kreis** (womit dessen Länge $\sharp V$ berträgt). Die Namensgebung basiert auf einem Spiel, das *William Rowan Hamilton* 1856 im Rahmen seiner Untersuchungen zu Quaternionen erdachte. Sein *icosian game* fragt nach einem Hamilton-Kreis in dem nachstehenden Graphen und war leider kein Verkaufsschlager. *Vielleicht, weil es zu einfach ist?*

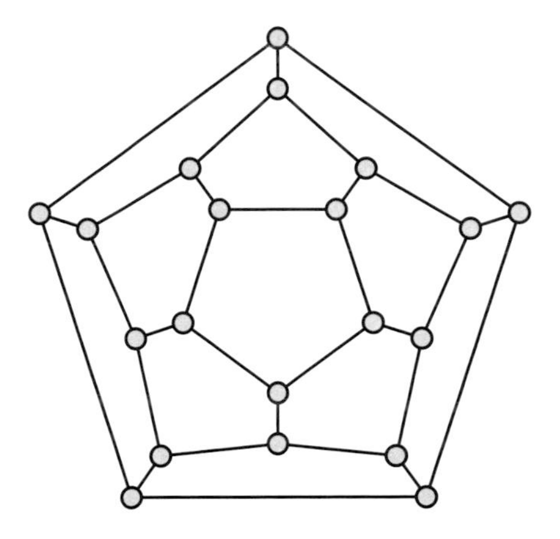

Sicherlich ist es von Vorteil für die Auffindung eines solchen Hamilton-Kreises in einem Graphen $G$, wenn viele Kanten existieren oder, anders gesehen, wenn die Grade der Ecken nicht zu klein sind. Wir nennen den kleinsten Grad einer Ecke den **Minimalgrad** und notieren diesen mit $\delta(G)$. Diese Definition erlaubt folgendes Resultat:

**Ein Kriterium von Dirac:**
*Es sei $G = (V, E)$ ein Graph mit mindestens drei Ecken und sein Minimalgrad genüge*

$$\delta(G) \geqslant \frac{n}{2},$$

*dann besitzt G einen Hamilton-Kreis.*

Dieses Resultat aus dem Jahr 1952 geht zurück auf *Gabriel Dirac* (ein Stiefsohn des berühmten Physikers *Paul Dirac*). Die Ungleichung ist tatsächlich optimal, d. h. ist die Ungleichung nicht erfüllt, so besitzt ein Graph unter Umständen keinen Hamilton-Kreis, wie das nachstehende Beispiel illustriert:

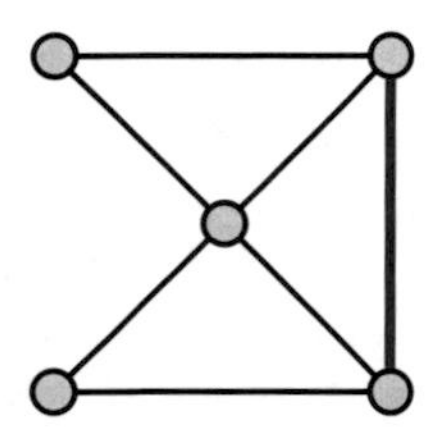

Wir skizzieren den **Beweis.** Zunächst machen wir uns klar, dass die Ungleichung für den Minimalgrad bereits impliziert, dass der Graph $G$ zusammenhängend ist (was ja absolut notwendig für die Existenz eines Hamilton-Kreises ist). Wir argumentieren mit dem sogenannten **Schubfachprinzip:** *Werden $m+1$ Socken auf $m$ Schubfächer verteilt, dann enthält mindestens ein Schubfach mindestens zwei Socken.* In unserem Kontext heißt das: Wenn die $n$ Ecken sich auf mindestens zwei zusammenhängende Teilgraphen verteilen, so existiert mindestens einer mit maximal $\lfloor \frac{n}{2} \rfloor$ Ecken, wobei $\lfloor x \rfloor$ die größte ganze Zahl $z$ bezeichnet, die $z \leqslant x$ erfüllt. Damit ist der Minimalgrad aber echt kleiner $\frac{n}{2}$. Also dürfen wir von einem zusammenhängenden Graphen $G$ ausgehen.

Sei nun wiederum $\tau$ ein Kantenzug von $u$ nach $v$ in $G$ entlang den Ecken $u = v_0, v_1, \ldots, v_j, v_{j+1}, \ldots, v_{m-1}, v_m = v$ ohne Wiederholung einer Ecke (also $v_i \neq v_j$ für $i \neq j$ und von *maximaler Länge* $m < n$. Alle Nachbarn von $u = v_0$ und $v = v_m$ sind dann in diesem Weg enthalten (denn ansonsten könnte man $\tau$ um eine Kante bereichern, was seiner Maximalität widerspräche). Deren Anzahl ist nach Voraussetzung $\geqslant \frac{n}{2}$. Wiederum nach dem Schubfachprinzip existiert unter den $m < n$ Indizes $j$ mit $0 \leqslant j < m$ also mindestens ein solcher, so dass sowohl

$\{v_0, v_{j+1}\}$ als auch $\{v_j, v_m\}$ Kanten sind. Der geschlossene Weg $\tau'$ entlang den Ecken

$$u = v_0, v_{j+1}, v_{j+2}, \ldots, v_{m-1}, v_m = v, v_j, v_{j-1}, \ldots, v_1, v_0 = u$$

ist dann ein Hamilton-Kreis.

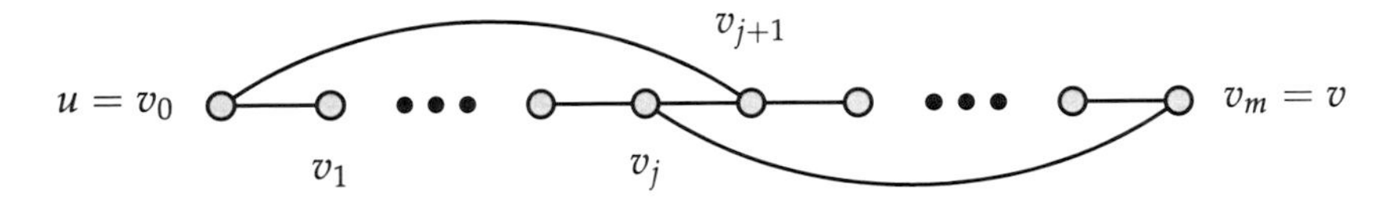


Wäre dem nämlich nicht so, dann gäbe es eine Ecke $w$ außerhalb von $\tau'$, die sich aufgrund des Zusammenhangs von $G$ mit einer Ecke $v_k$ in $\tau'$ verbinden ließe, was zu einem Kantenzug einer Länge $m + 1$ führte im Widerspruch zur Maximalität von $\tau$.

Es gibt natürlich weitere Resultate dieser Art. Was alle diese Kriterien gemeinsam haben, ist, dass *ein Graph für die Existenz eines Hamilton-Kreises hinreichend viele Kanten besitzen muss!* Bislang wurde aber keine zufriedenstellende Charakterisierung gefunden. Und tatsächlich ist das Auffinden von Hamilton-Kreisen auch algorithmisch ein schwieriges Problem. Wie *Richard Karp* 1972 zeigte, ist diese Aufgabe NP-vollständig oder, um einfachere Worte zu benutzen, extrem schwierig. Zu graphentheoretischen Algorithmen wie ebendiesem (und auch deren Komplexität) verweisen wir wieder auf (Mönius et al. 2021).

Um dieses einführende Kapitel jetzt aber nicht mit solch schwierigen Fragen zu beenden, stellen wir der geneigten Leserin zur Übung ein paar leichtere Fragen: Der folgende Graph

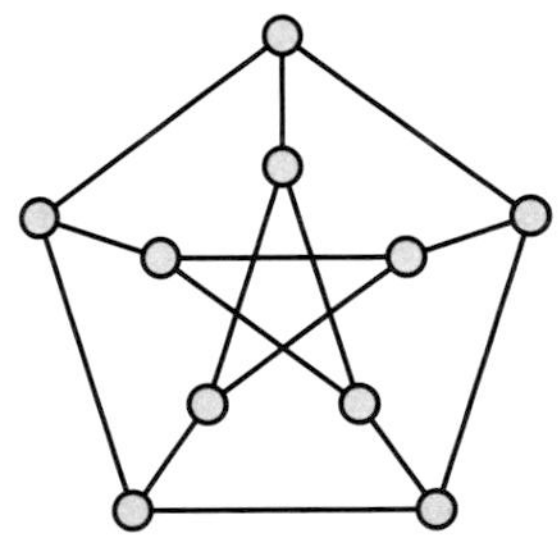

ist nach *Julius Petersen* benannt, der 1891 im Kontext eines zahlentheoretischen Problems sogenannte *reguläre* Graphen untersuchte. Seitdem wird dieser **Petersen-**

**Graph** gerne als Beispiel oder auch als Gegenbeispiel angeführt. So kann man sich z. B. fragen, *ob der Petersen-Graph*

- *einen Euler-Kreis oder, wenn dem nicht so ist, einen eulerschen Kantenzug enthält?*
- *einen Hamilton-Kreis beinhaltet oder wenigstens einen hamiltonschen Kantenzug?*

Die Antworten hierzu finden sich, wie bei einem guten Krimi, am Ende dieses Büchleins...

# 2 Das Party-Problem

Graphen helfen uns oftmals, Netzwerke zu modellieren und besser zu verstehen, so auch in der folgenden kleinen Geschichte, in der nun erstmals ein (aus der Sesamstraße bekannter) Graf auftritt.

Vor einer Woche hat Graf Zahl eine kleine Party mit sechs Gästen organisiert, die, genau wie er, für ihr Leben gerne Dinge zählen. Gleich nachdem Graf Zahl nur kurz in die Küche verschwinden will, um die leckeren Kekse aus dem Ofen zu holen, hört er, wie seine sechs Gäste zur Begrüßung untereinander mit ihren Getränken anstoßen, und fragt sich, *wie oft man gerade zwei Gläser miteinander klingen gehört hat?*

Als er den Gästen vorschlägt noch einmal paarweise miteinander anzustoßen, damit er das Gläserklingen nacheinander einzeln zählen kann, meldet sich aber das hungrige Krümelmonster zu Wort: „Lasst uns lieber kurz überlegen, wir schaffen es noch ein bisschen schneller. Jeder von uns stößt mit den jeweils anderen fünf Personen an, wobei an einem Anstoßen genau zwei Personen beteiligt sind, also haben wir unsere Gläser insgesamt $(6 \cdot 5)/2 = \binom{6}{2} = 15$ Mal klingen gehört."

Graf Zahl ist beeindruckt, würde aber doch so gerne noch einmal nachzählen. Daraufhin bröselt das Krümelmonster eine Figur auf den Boden: „Schau mal Graf Zahl, einer deiner Verwandten kann uns auch beim Zählen behilflich sein, der vollständige Graph auf sechs Ecken, in dem alle möglichen Kanten vorhanden sind, ich glaube sein Name ist $K_6$. Stellen wir uns hier vor, dass jede seiner Ecken für eine Person von uns steht, dann brauchen wir nur noch alle seiner Kanten zählen, die jeweils für ein Gläserklingen zwischen zwei Personen stehen."


K. Mönius et al., *Einführung in die Graphentheorie,* essentials,
https://doi.org/10.1007/978-3-658-33108-5_2

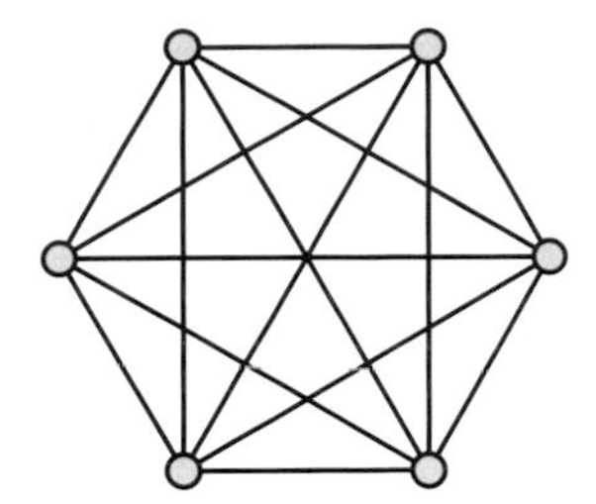

Voller Freude beginnt Graf Zahl sofort mit dem Zählen, und als er am Ende angekommen ist, trifft es ihn auf einmal wie ein Blitz, er hatte für die Party doch einen besonderen Wunsch, nämlich dass es auf ihr mindestens drei Personen gibt, die sich bereits untereinander kennen, oder aber mindestens drei Personen, die sich noch nicht kennen.

Graf Zahl überlegt laut, dies noch vor dem Servieren der Kekse zu überprüfen, indem alle sechs Gäste so schnell wie möglich versuchen, die insgesamt $\binom{6}{3} = 20$ möglichen Dreiergruppen zu formen, doch da meldet sich das Krümelmonster wieder zurück, das mittlerweile kaum mehr auf die leckeren Kekse warten kann:

„Bestimmt kann uns der $K_6$ nochmals helfen, wir müssen nur ein bisschen Farbe ins Spiel bringen. Lasst uns eine Kante zwischen zwei Ecken blau färben, wenn sich die beiden entsprechenden Personen bereits kennen, und rot, falls sie sich noch nicht kennen. Dann suchen wir nach einem einfarbigen Dreieck, dessen Kanten entweder alle blau oder alle rot gefärbt sind. Vielleicht überlegen wir an dieser Stelle sogar weiter, nämlich allgemein für jede mögliche Party mit sechs Personen, nicht nur für unsere Konstellation:

Wir starten in einer beliebigen Ecke $v$, und betrachten die fünf Kanten aus $v$ zu den übrigen Ecken. Nach dem Schubfachprinzip (dem wir im ersten Kapitel begegnet sind) haben dann (mindestens) drei von ihnen die gleiche Farbe – etwa Blau –, da sonst mit beiden Farben höchstens nur $2 + 2 = 4$ dieser fünf Kanten gefärbt wären, wobei $v_1$, $v_2$ und $v_3$ deren anderen Endpunkte bezeichnen.

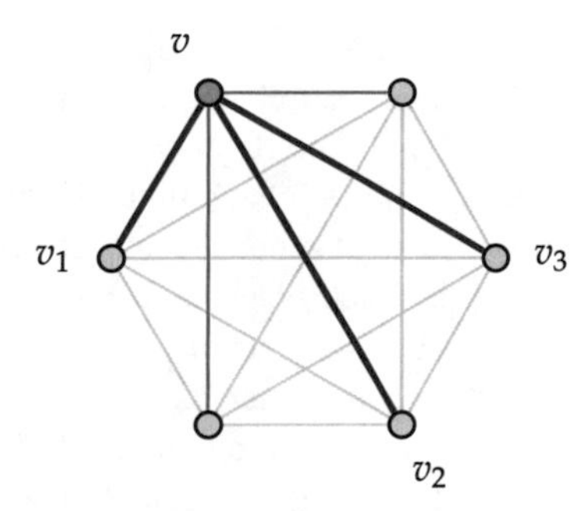


Falls nun (mindestens) eine der Kanten $\{v_1, v_2\}$, $\{v_2, v_3\}$ oder $\{v_3, v_1\}$ auch noch blau gefärbt ist, so bildet $v$ mit den beiden entsprechenden Ecken dieser Kante ein blaues Dreieck.

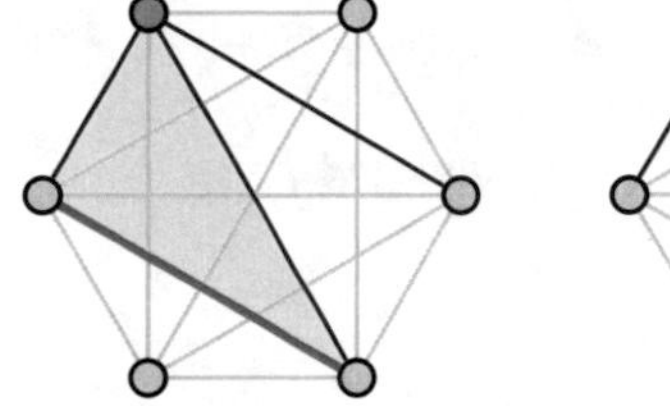

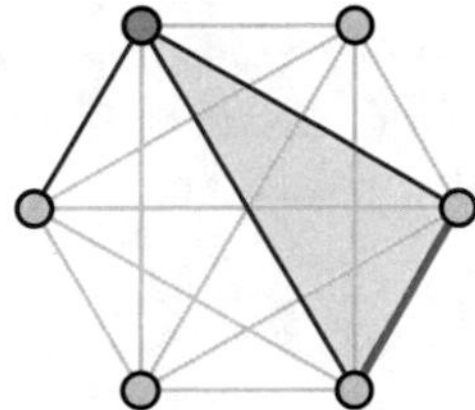

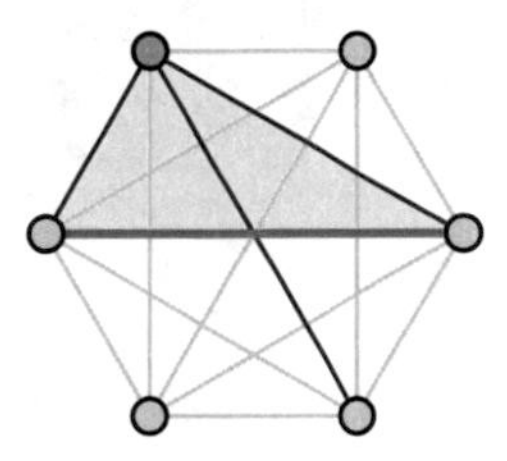

Auch im verbleibenden Fall, in dem alle drei Kanten $\{v_1, v_2\}$, $\{v_2, v_3\}$ und $\{v_3, v_1\}$ rot gefärbt sind, bilden dieses Mal die Ecken $v_1$, $v_2$ und $v_3$ wie gewünscht ein einfarbiges (rotes) Dreieck.

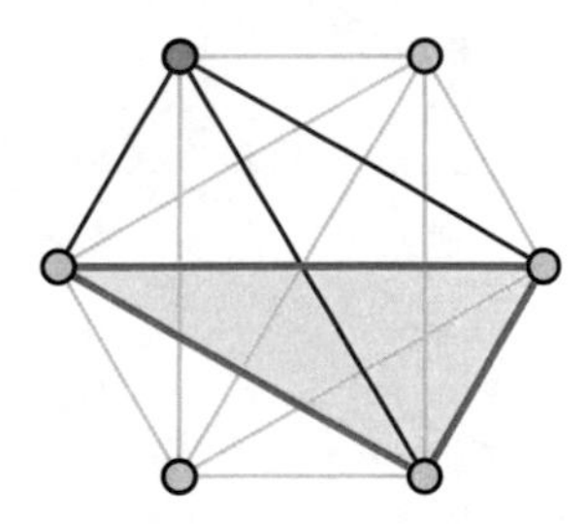

Du hast also alles richtig gemacht, Graf Zahl, und genug Gäste auf die Party eingeladen, aber hoffentlich gibt es gleich auch genug Kekse.“

An dieser Stelle verlassen wir die Party von Graf Zahl vorerst, und möchten noch allgemeiner das **Party-Problem** vorstellen, welches nach der kleinsten Anzahl $R(a, b)$ von Gästen fragt, die man auf eine Party einladen muss, dass es unabhängig von den Gästen mindestens $a$ gibt, die sich untereinander kennen, oder aber mindestens $b$, die sich jeweils noch nicht kennen. Wir suchen also nach dem kleinsten vollständigen Graphen $K_n$, der nach einer beliebigen Färbung seiner Kanten mit zwei Farben, etwa Blau und Rot, stets einen vollständigen Teilgraphen auf $a$ Ecken (auch $a$-**Clique** genannt) enthält, dessen Kanten alle blau gefärbt sind, oder aber einen vollständigen Teilgraphen auf $b$ Ecken (also eine $b$-Clique), dessen Kanten alle rot gefärbt sind. Dabei ist eigentlich noch nicht klar, ob überhaupt immer eine solche Zahl $R(a, b)$ existiert, was aber erstmals *Frank Plumpton Ramsey* 1930 bewiesen hat (siehe Landman und Robertson 2014).

**Satz von Ramsey (für Graphen)**
*Für je zwei natürliche Zahlen a und b gibt es eine (kleinste natürliche) Zahl* $R(a, b)$*, so dass jeder vollständige Graph* $K_n$ *auf* $n \geqslant R(a, b)$ *Ecken, in dem jede Kante blau oder rot gefärbt ist, stets eine blaue a-Clique oder eine rote b-Clique enthält.*

Das Krümelmonster hat uns schon $R(3, 3) \leqslant 6$ gezeigt, und tatsächlich gilt hier sogar Gleichheit, wie die nachstehende Färbung des $K_5$ untermalt, in der wir keine einfarbigen Dreiecke mehr finden.

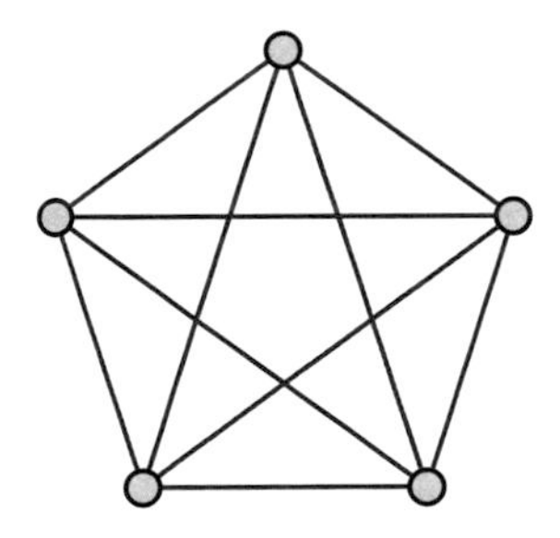

Bei größerem $a$ und $b$ weichen die bis heute bekannten besten unteren und oberen Schranken für $R(a, b)$ allerdings oft noch weit voneinander ab, zwar ist zum Beispiel

$R(4, 4) = 18$, aber bereits für $R(5, 5)$ sind nur 43 und 48 als aktuell beste untere bzw. obere Schranke nachgewiesen.

Ganz allgemein behandelt man in der **Ramsey-Theorie** Fragen der Art, wie viele Objekte einer bestimmten Struktur es geben muss, damit eine gewünschte Eigenschaft sicher besteht. In seinem Herzen können wir also das Schubfachprinzip auch in die Ramsey-Theorie einordnen. Ein weniger allgemeiner Vorgänger ist der Satz von *Bartel Leendert van der Waerden* um 1927, in dem nicht mehr Kanten von Graphen sondern ganze Zahlen eingefärbt werden (siehe Landman und Robertson 2014).

**Satz von van der Waerden**

*Für vorgegebene natürliche Zahlen $r$ und $k$ existiert eine Zahl $N$, so dass jede Menge $\{1, \ldots, n\}$ der ersten $n \geqslant N$ natürlichen Zahlen, in der jede Zahl mit einer von insgesamt $r$ festgewählten Farben eingefärbt ist, stets eine einfarbige arithmetische Folge der Länge $k$ enthält, also $k$ Zahlen der gleichen Farbe, von denen je zwei der Größe nach aufeinanderfolgende den gleichen Abstand zueinander haben.*

Nun kehren wir allerdings wieder schnell zu Graphen zurück, und werden bald auch deren Ecken an Stelle ihrer Kanten färben, aber erst einmal beschäftigen wir uns mit planaren Graphen.

# Graphen plätten! 3

Wir starten mal wieder mit etwas zum Tüfteln: Im *Flatland* (das ist ein Land, das sich, im Gegensatz zu unserer Erde, nicht im dreidimensionalen Raum, sondern im Zweidimensionalen befindet) soll jeder Haushalt mit Gas, Wasser und Strom versorgt werden. Dabei dürfen sich aber keine zwei Leitungen überschneiden, da ansonsten das Gas, Wasser bzw. der Strom nicht fließen kann. *Geht das?*

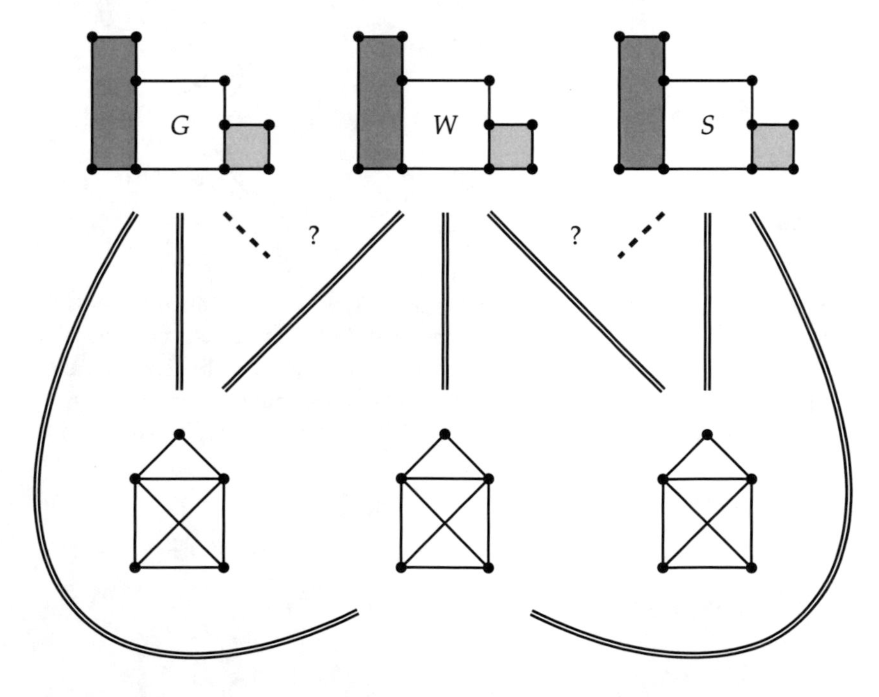



K. Mönius et al., *Einführung in die Graphentheorie,* essentials,
https://doi.org/10.1007/978-3-658-33108-5_3

Wie in unserem Eingangsbeispiel, dem Königsberger Brückenproblem, können wir, um der Frage auf den Grund zu gehen, das Bild in einen Graphen verwandeln, indem wir jedes Gebäude durch eine Ecke repräsentieren, und immer dann zwei Ecken mit einer Kante verbinden, wenn die entsprechenden Gebäude durch eine Gas-, Wasser- oder Stromleitung miteinander verbunden werden sollen. Dies führt in unserem Beispiel zum vollständigen bipartiten Graphen $K_{3,3}$. Anders ausgedrückt ergibt sich also die Frage, *ob wir den* $K_{3,3}$ *in der Ebene* (also zum Beispiel auf einem Blatt Papier) *so zeichnen können, dass sich keine seiner Kanten überschneiden.*

Im Laufe dieses Kapitels werden wir eine Antwort zu unserem Problem erhalten. Allgemeiner beschäftigen wir uns nun mit der Fragestellung, welche Graphen sich durch Verzerren der Kanten so in der Ebene zeichnen lassen, dass sich deren Kanten nicht überschneiden.

Dafür müssen wir aber zunächst einige Begriffe klären. Wir haben im ersten Kapitel bereits gesehen, dass es zu einem gegebenen Graphen verschiedene Möglichkeiten geben kann, diesen zu zeichnen. Wir erinnern uns dafür an folgendes Bild:

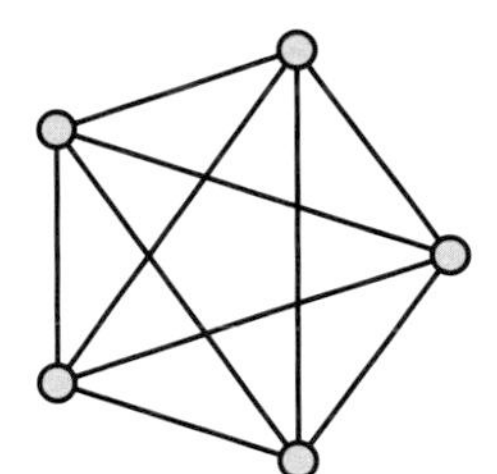
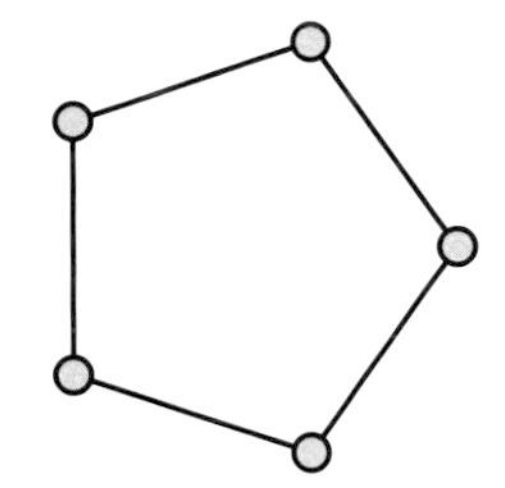
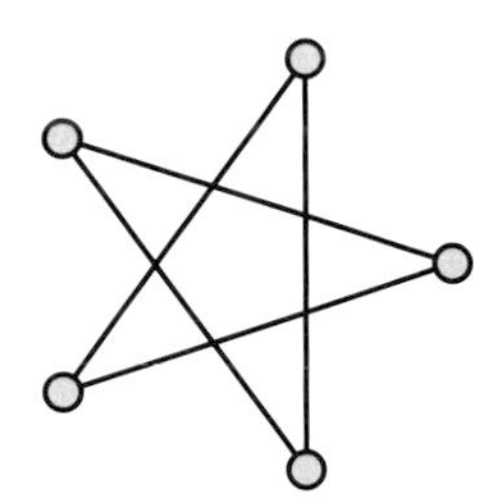

Beim mittleren und beim rechten Graphen handelt es sich tatsächlich beide Male um den $C_5$, obwohl die beiden Zeichnungen auf den ersten Blick sehr verschieden wirken. Wir können uns dies veranschaulichen, indem wir die Ecken unseres Graphen beschriften. Jetzt bedarf es nur noch etwas Vorstellungsvermögen, um zu erkennen, dass es sich tatsächlich in beiden Fällen um den $C_5$ handelt. Das folgende Bild zeigt, dass sich die rechte Zeichnung des $C_5$ nur durch eine andere Anordnung seiner Ecken von der linken Zeichnung des $C_5$ unterscheidet:

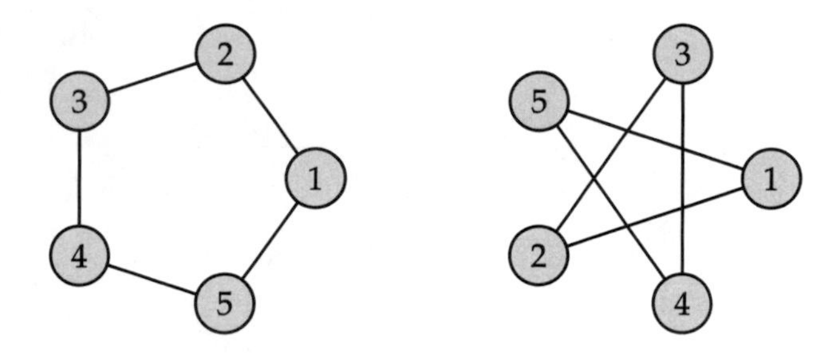


Um im Folgenden nicht durcheinander zu geraten, ob es sich um strukturell verschiedene Graphen oder nur um unterschiedliche Zeichnungen eines einzelnen Graphen handelt, führen wir den Begriff der *Isomorphie* ein. Wir nennen zwei Graphen (wobei wir uns hier gezeichnete Graphen vorstellen) **isomorph,** wenn es sich bei den Graphen strukturell betrachtet um denselben Graphen handelt, sich aber lediglich gegebenenfalls die Zeichnungen unterscheiden (wie in unserem Beispiel des $C_5$). Formal ausgedrückt bedeutet dies, dass zwei Graphen $G_1 = (V_1, E_1)$ und $G_2 = (V_2, E_2)$ genau dann isomorph sind, wenn es eine Abbildung $f : V_1 \to V_2$ von der Eckenmenge des $G_1$ auf die Eckenmenge des $G_2$ gibt, für die gilt, dass es zu jeder Ecke $v_1 \in V_1$ genau eine Ecke $v_2 \in V_2$ gibt (und umgekehrt) mit $f(v_1) = v_2$, und $f$ außerdem die Eigenschaft hat, dass genau dann eine Kante zwischen zwei Ecken $v_1, w_1 \in V_1$ in $G_1$ existiert, wenn eine Kante zwischen den Ecken $f(v_1)$ und $f(w_1)$ in $G_2$ existiert. Um sich diese (abstraktere) Definition zu veranschaulichen, empfehlen wir, sich einmal zu überlegen, wie diese Abbildung $f$ in unserem obigen Beispiel des $C_5$ aussieht.

Nun aber zurück zu den gesuchten *überschneidungsfreien* Zeichnungen. Auch hierfür brauchen wir einen neuen Begriff. Wir sagen, dass ein Graph **planar** ist, wenn er isomorph zu einem ebenen Graphen ist. Mit **ebener** Graph ist dabei eine überschneidungsfreie Zeichnung eines Graphen in der Ebene (also z. B. auf einem Blatt Papier) gemeint.

Wer sich schon mehr mit Mathematik beschäftigt hat, dem wird diese Definition von Planarität möglicherweise nicht so gut gefallen, da sie wenig formal wirkt. Tatsächlich ist eine formal korrekte Definition hierfür kompliziert und würde den Rahmen dieses Büchleins sprengen. Den interessierten Leser verweisen wir daher an dieser Stelle auf Clark und Holton (1994). Es sei aber noch erwähnt, dass es in der Mathematik überraschenderweise häufig das Phänomen gibt, dass Begriffe bzw. Aussagen, die intuitiv vollkommen klar sind, sehr schwierig zu formalisieren oder zu beweisen sind.

Nun aber zurück zu den Graphen! Wir stellen fest, dass zum Beispiel der $K_4$ planar ist, denn:

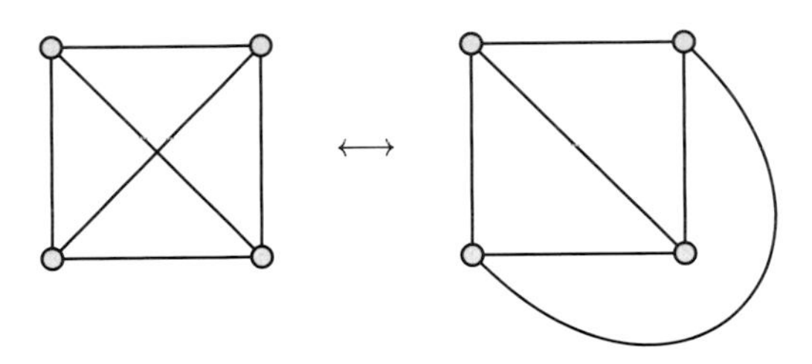

Nicht so einfach zu beantworten ist dagegen die Frage: *Ist der $K_5$ planar?*

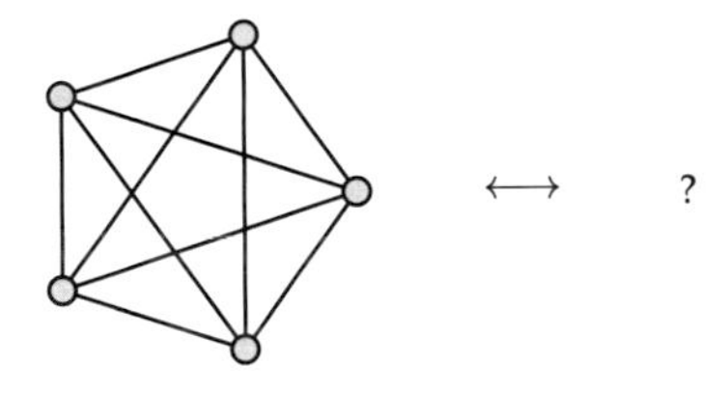


Oder, wenn wir an unser Ausgangsbeispiel zurück denken: *Ist der $K_{3,3}$ planar?*

Unsere erste fundamentale Beobachtung ist, dass mit einem planaren Graphen auch jeder Teilgraph planar ist. Umgekehrt gilt auch, dass wenn ein Graph einen nicht planaren Teilgraphen enthält, der Graph selbst nicht planar sein kann. Diese Eigenschaft nutzte *Kazimierz Kuratowski* in seinem folgenden Satz von 1930 aus, der ein wunderbares Kriterium für Planarität von Graphen liefert:

**Charakterisierung planarer Graphen**
*Ein endlicher Graph ist genau dann planar, wenn er keinen Teilgraphen enthält, der zu einer Unterteilung von $K_5$ oder $K_{3,3}$ isomorph ist.*

Hierbei ist eine **Unterteilung** eines Graphen $G = (V, E)$ ein Graph, der durch gegebenenfalls wiederholtes Ersetzen einer Kante $\{u, v\} \in E$ durch zwei Kanten $\{u, w\}$ und $\{w, v\}$ mit einer neuen Ecke $w$ entsteht.

Insbesondere beantwortet dies unsere Ausgangsfrage: der $K_{3,3}$ ist tatsächlich nicht planar (die armen Flatlander!). Außerdem ist kein vollständiger Graph $K_n$ mit $n \geqslant 5$ planar, da diese Graphen alle den $K_5$ als Teilgraphen enthalten.

Um uns von Kuratowskis Charakterisierung zu überzeugen, verbleibt es natürlich, diese zu beweisen. Leider ist der Beweis aber gar nicht so einfach, weshalb wir hier nur die einfachere Implikation des Satzes vorstellen wollen. Ein wichtiges Hilfsmittel dafür ist die folgende Beobachtung, die wieder einmal auf *Leonhard Euler*, diesmal aber auf das Jahr 1752 zurückgeht:

**Eulersche Polyederformel**

(i) *Gegeben sei ein konvexer Polyeder mit genau e Ecken, f Flächen und k Kanten. Dann gilt*

$$e + f = k + 2.$$

(ii) *Gegeben sei ein einfacher zusammenhängender planarer Graph $G = (V, E)$ mit $f$ Flächen und mindestens einer Ecke. Dann gilt*

$$\sharp V + f = \sharp E + 2.$$

Um die Eulersche Polyederformel in ihren beiden Varianten zu verstehen, müssen wir zunächst wieder ein paar Begriffe klären. Ein **Polyeder** ist ein von ausschließlich geraden Flächen begrenzter dreidimensionaler Körper (wir können z. B. an einen Würfel oder eine Pyramide denken).

Stellen wir uns zu einem gegebenen, zusammenhängenden planaren Graphen $G$ eine überschneidungsfreie Zeichnung von $G$ auf einem Blatt Papier vor, so sind die **Flächen** von $G$ genau die Flächen, die von Kanten umrandet sind. Außerdem bezeichnen wir auch alles um den Graphen außen herum als eine Fläche des Graphen. Zum Beispiel besitzt also der $K_4$ genau *vier* Flächen:

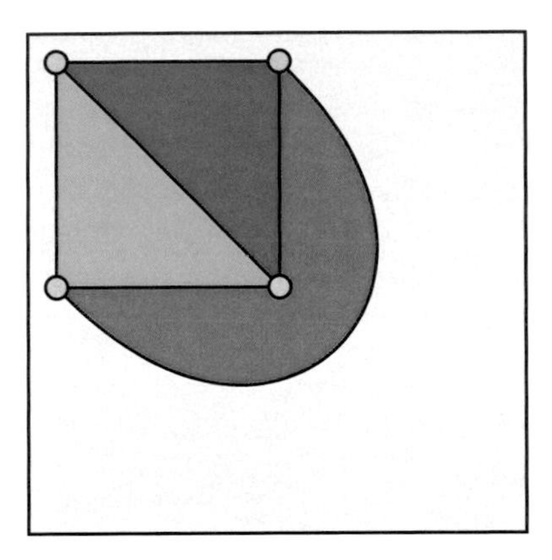

Es gibt verschiedenste Ansätze für den Beweis der Eulerschen Polyederformel. So lassen sich beispielsweise in *David Eppsteins* „Geometry Junkyard" Eppstein (2020) zwanzig verschiedene Beweise nachlesen. Der folgende Beweis der Variante (i) der Eulerschen Polyederformel geht auf *William Thurston* zurück und liefert einen ungewöhnlich anschaulichen **Beweis:**

Wir stellen das Polyeder so in eine leere Badewanne, dass keine zwei Ecken auf gleicher Höhe sind, d. h. keine der Kanten waagerecht ist. Nun lassen wir Wasser in die Wanne fließen. Jedes Mal, wenn der Wasserspiegel eine Ecke übersteigt, werden neue Kanten und Flächen nass. Handelt es sich dabei nicht um eine unterste oder oberste Ecke, werden dabei stets eine Kante mehr nass als Flächen. Bei der untersten hingegen sind es gleich viele Kanten wie Flächen, bei der obersten wird gar nichts Neues nass. Damit ergibt sich nach vollständigem Wassereinlass die Anzahl der Kanten als Anzahl der Flächen plus einer zusätzlichen Kante pro Ecke abzüglich der untersten und der obersten Ecke, also $k = f + e - 2$.

Dieser Beweis mag womöglich nicht für jede Person überzeugend klingen, sicherlich aber der folgende der Variante (ii). Für diesen verwenden wir das Prinzip der **Induktion,** welches auf folgender Idee basiert: Möchten wir eine Aussage für alle natürlichen Zahlen $\mathbb{N}$ (also $1, 2, 3, \ldots$) oder auch $0, 1, 2, 3, \ldots$ zeigen, so würden wir bis an unser Lebensende nicht fertig werden, wenn wir die Aussage für jede Zahl einzeln zeigen wollten. Nach dem Induktionsprinzip reicht es aber aus, die Aussage lediglich für die kleinste Zahl (also z. B. die 1 oder die 0) zu zeigen (das ist der sogenannte **Induktionsanfang**), und dann, unter der Voraussetzung, dass die Aussage für eine feste Zahl $n$ gilt **(Induktionsvoraussetzung)** zu zeigen, dass die Aussage auch für die Zahl $n + 1$ richtig ist **(Induktionsschluss)**. Tatsächlich lässt sich dann insgesamt vom Induktionsanfang, also der Richtigkeit der Aussage für z. B. die Zahl 1, mit dem Induktionsschluss auf die Richtigkeit der Aussage für die Zahl 2 schließen, damit wiederum mit dem Induktionsschluss auf die Richtigkeit der Aussage für die Zahl 3, usw.[1] Diese Beweismethode wollen wir nun für den Beweis der Variante (ii) der Eulerschen Polyederformel verwenden. Tatsächlich ist diese Variante eine zu (i) äquivalente Aussage, womit der folgende **Beweis** also auch nochmals Variante (i) verifiziert: Ein **Kreis** in $G$ ist ein Teilgraph von $G$, der zu einem Graphen $C_n$ mit $n \geqslant 3$ isomorph ist. Wir beweisen die Formel per Induktion nach der Anzahl $k$ der Kreise in $G$ (also für $k = 0, 1, 2, \ldots$). Der Induktionsanfang ist einfach, denn für $k = 0$ ist die Anzahl der Flächen $f = 1$. Tatsächlich nennt man $G$ dann einen *Baum* (mehr zu Bäumen gibt es übrigens im weiteren Band (Mönius et al. 2021)). Wir nehmen nun an, dass die Eulersche Polyederformel für ein beliebiges, aber fest gewähltes $k$ gilt (Induktionsvoraussetzung). Im Induktionsschluss wollen wir nun auf die Richtigkeit der Formel für den Fall $k + 1$ schließen. Dafür sei $G$ ein Graph mit $k + 1$ Kreisen und $e \in E$ eine Kante in einem Kreis $C$ von $G$. Dann ist der Teilgraph $G' = (V, E \setminus \{e\})$ zusammenhängend und besitzt nur noch $k$ Kreise. Folglich können wir für diesen Graphen $G'$ unsere Induktionsvoraussetzung anwenden, die besagt

$$\sharp V + f' = \sharp(E \setminus \{e\}) + 2$$

für die Anzahl $f'$ der Flächen von $G'$. Da $e$ eine der Kanten ist, die die Fläche $C$ begrenzen, muss die Kante $e$ genau eine Fläche von $G'$ zerlegen, d. h. $f = f' + 1$ und somit gilt

$$\sharp V + f - 1 = \sharp E - 1 + 2$$

bzw. die zu beweisende Formel.

Ist nun $G = (V, E)$ ein endlicher zusammenhängender planarer Graph und $g \geqslant 3$ die Anzahl der Ecken eines kleinsten Kreises in $G$, so wird jede Fläche von $G$ von mindestens $g$ Kanten umrandet, und jede solche Kante liegt wiederum im Rand von höchstens zwei Flächen. Bezeichnet $\mathcal{M}$ die Menge der angrenzenden Kanten-Flächen-Paare, für die eine Kante an eine Fläche angrenzt, dann liefern unsere beiden Beobachtungen die Abschätzungen

$$fg \leqslant \sharp\mathcal{M} \leqslant 2\sharp E.$$

[1] Wem diese Art von Argumentation unbekannt ist, den verweisen wir auf Oswald und Steuding (2015).

In Kombination mit der Eulerschen Polyederformel ergibt sich damit

$$2 = \sharp V - \sharp E + f \leqslant \sharp V - \sharp E + \frac{2\sharp E}{g},$$

was uns schließlich eine wichtige Ungleichung für planare Graphen liefert:

**Kantenabschätzung für planare Graphen**

$$\sharp E \leqslant \frac{g}{g-2}(\sharp V - 2) \leqslant 3\sharp V - 6.$$

Dies quantifiziert unsere Intuition: Planare Graphen können bei fixierter Eckenanzahl nicht zu viele Kanten besitzen!

Damit gelingt nun der **Beweis** einer Implikation der Charakterisierung planarer Graphen von Kuratowski: Die Graphen $K_5$ und $K_{3,3}$ (oder eine beliebige Unterteilung derer) sind nicht planar, denn für den $K_5$ gilt

$$\sharp E = \binom{5}{2} = 10 > 3 \cdot 5 - 6 = 3\sharp V - 6,$$

und für den $K_{3,3}$

$$\sharp E = 9 > 2(6-2) = \frac{4}{4-2}(\sharp V - 2).$$

In beiden Fällen widerspricht dies der Kantenabschätzung für planare Graphen, woraus wir folgern können, dass die entsprechenden Graphen nicht planar sind. Hierbei haben wir verwendet, dass $g = 3$ die Länge des kleinsten Kreises im $K_5$ ist; für $K_{3,3}$ beobachten wir $g = 4$, da der Graph wegen der Bipartitheit keinen Kreis der Länge 3 als Teilgraphen enthalten kann.

Der Beweis dieser Implikation genügt ebenso, um zu verifizieren, dass der Petersen-Graph (siehe Seite 11) nicht planar ist. Die folgende Abbildung zeigt nämlich, dass der Petersen-Graph (links) einen Teilgraphen enthält, welcher zu einer Unterteilung des $K_{3,3}$ (rechts) isomorph ist:

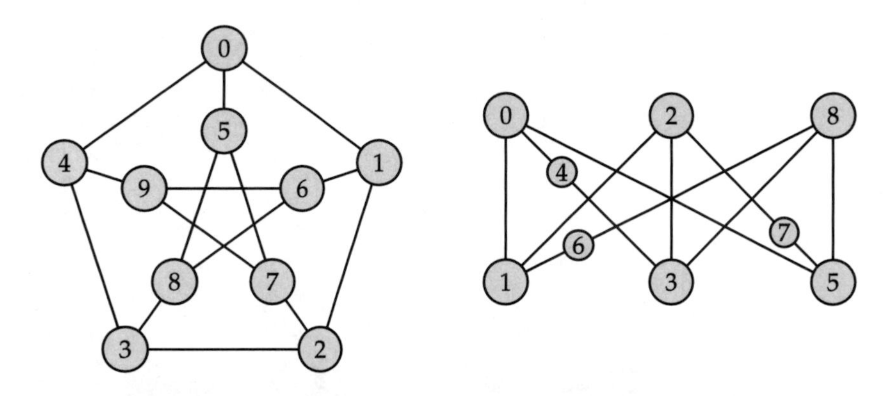


Für den Beweis der schwierigen Implikation der Charakterisierung von Kuratowski verweisen wir die interessierte Leserin auf Clark und Holton (1994).

Eine weitere Anwendung der Eulerschen Polyederformel ist die Klassifikation sogenannter platonischer Körper. Ein **platonischer Körper** ist ein regulärer (dreidimensionaler) konvexer Polyeder, d. h. alle Flächen sind kongruente reguläre Vielecke und an jeder Ecke treffen gleich viele Flächen zusammen. Der Name geht auf *Platon* und dessen Schüler *Theaitetos* zurück, die rund 400 v. u. Z. bereits Wesentliches zu diesem Thema beigetragen haben.

Ein regulärer Polyeder besitze nun $f$ Flächen, $e$ Ecken und $k$ Kanten. Nach der Eulerschen Polyederformel gilt

$$2 = f - k + e.$$

Weil jede Fläche ein reguläres $n$-Eck für ein $n \geqslant 3$ ist und von jeder Ecke $m$ Kanten für ein $m \geqslant 3$ ausgehen, folgt

$$2k = nf \quad \text{und} \quad 2k = me$$

(denn jede Kante berandet zwei Flächen und verbindet zwei Ecken). Also folgt durch Einsetzen

$$2 = f - k + e = k\left(\frac{2}{n} - 1 + \frac{2}{m}\right),$$

und somit muss die Ungleichung $\frac{1}{n} + \frac{1}{m} > \frac{1}{2}$ bestehen, was $3 \leqslant m, n \leqslant 5$ impliziert. Entsprechende Wahl der Parameter (vgl. Tab. 3.1) liefert schließlich die fünf platonischen Körper **Tetraeder, Würfel, Oktaeder, Dodekaeder** und **Ikosaeder:**

**Tab. 3.1** Die fünf platonischen Körper und ihre Parameter

| | $f$ | $k$ | $e$ | $m$ | $n$ |
|---|---|---|---|---|---|
| Tetraeder | 4 | 6 | 4 | 3 | 3 |
| Würfel | 6 | 12 | 8 | 3 | 4 |
| Oktaeder | 8 | 12 | 6 | 4 | 3 |
| Dodekaeder | 12 | 30 | 20 | 3 | 5 |
| Ikosaeder | 20 | 30 | 12 | 5 | 3 |

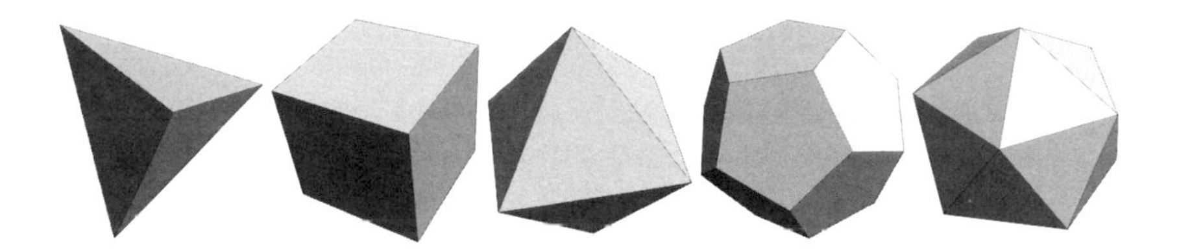

Tatsächlich ist es mit diesen Ungleichungen auch nicht mehr schwierig zu verifizieren, dass es keine weiteren platonischen Körper geben kann.

Dieser Zusammenhang zwischen Polyedern und planaren Graphen, also einerseits Körpern im dreidimensionalen Raum und andererseits überschneidungsfreien Graphen in der zweidimensionalen Ebene, wirkt vielleicht etwas seltsam. Tatsächlich steckt eine einfache Projektion dahinter, wie wir am Beispiel des Würfels und dem zugehörigen **Peterchen-Graphen** illustrieren wollen:

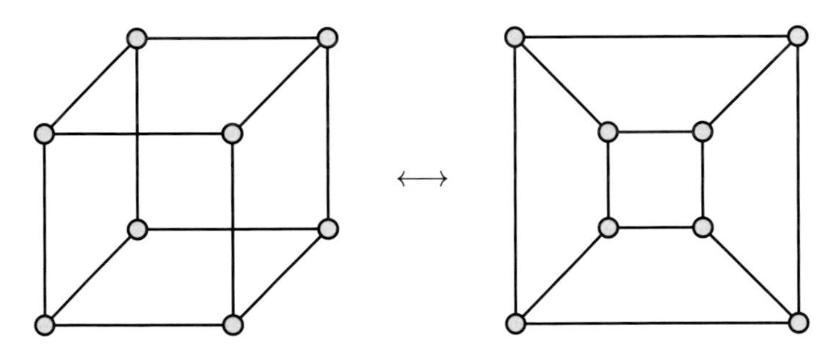

Der Graph oben links stellt den Versuch einer zweidimensionalen Zeichnung eines Würfels dar. Wählt man hierfür eine Perspektive nahe der Vorderseite des Würfels, so ergibt sich das Bild oben rechts. Der hierfür von uns gewählte Name orientiert sich an dem größeren Petersen-Graph. Wir sehen dabei, dass die umrandende Fläche des Graphen gewissermaßen der Vorderseite des Würfels entspricht. Die sogenannte **stereographische Projektion** liefert hierfür die entsprechende mathematische Konstruktion. *Und wissen Sie welcher Graph in diesem Sinne zum Tetraeder gehört?*

Zuletzt sei noch erwähnt, dass die Topologie des zugrundeliegenden Raumes selbstverständlich beeinflusst, welche Graphen planar sind. Bislang haben wir uns beispielsweise nur Zeichnungen von Graphen in der Ebene (also dem Raum $\mathbb{R}^2$) angeschaut. Wir können uns aber genauso die Frage stellen, welche Graphen sich überschneidungsfrei auf einer Kugel, einem Donut, einem Tisch oder gar in einem höherdimensionalen Raum, den wir uns gar nicht mehr vorstellen können, zeichnen lassen. Tatsächlich gilt: *wenn die Flatländer nicht in der Ebene, sondern auf einem Donut* (in der Mathematik nennt man diese Form **Torus**) *leben würden, dann könnten alle Häuser mit Gas, Wasser und Strom versorgt werden. Können Sie zeigen, wie?* Eine Lösung verbirgt sich an anderer Stelle dieses Büchleins.

# Graphen färben! 4

Graphentheorie ist eine junge mathematische Disziplin mit vielen Anwendungen. So können beispielsweise Graphen bei der Erstellung von Netzwerken, Metroplänen, Stundenplänen oder gar Sudokus helfen. Oft ist es hilfreich, dafür Graphen mit einer bestimmten **Färbung** ihrer Ecken oder Kanten zu betrachten. Eng damit verbunden, aber weniger anwendungsbezogen, ist die Frage nach Färbungen von Landkarten, die sich der Student *Francis Guthrie* bereits 1852 stellte: *Wie viele Farben werden benötigt, so dass keine benachbarten Länder in derselben Farbe eingefärbt werden?*

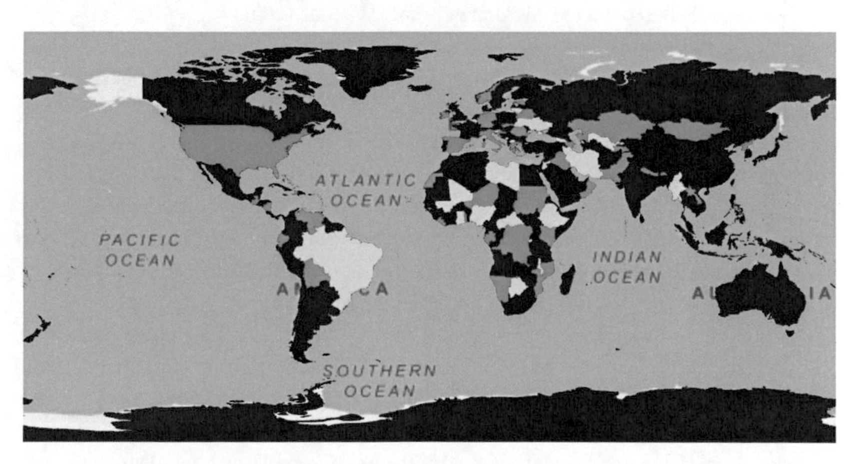


Einer der aufgrund seines immer noch umstrittenen Beweises wohl bekanntesten Sätze aus der Graphentheorie liefert eine Antwort auf diese Frage:



K. Mönius et al., *Einführung in die Graphentheorie,* essentials,
https://doi.org/10.1007/978-3-658-33108-5_4

**Vierfarbensatz**
*Jede Landkarte kann mit höchstens vier Farben so gefärbt werden, dass keine zwei benachbarten Länder dieselbe Farbe haben.*

Diese Aussage wurde von *Kenneth Appel* und *Wolfgang Haken* 1976 mit massivem Computereinsatz bewiesen. Sie verwendeten dazu wichtige Vorarbeiten von *Heinrich Heesch,* der die Zahl der zu untersuchenden nicht vermeidbaren Konfigurationen auf wenige Tausende reduzierte.[1]

Das Einbeziehen des Computers führte zu interessanten Diskussionen darüber, was genau eigentlich ein mathematischer Beweis sei. *Andreaa Calude* schrieb hierzu:

> „By 1977, details of the proof appeared in articles and the controversy began. The mathematical community watches in semi-desperation and semi-ecstasy at this tiny problem, which an average child has the capacity to understand, puts the very core of what mathematics stands for – the ultimate, unquestionable truth – on shaky ground. Can we and should we accept this kind of proof?" Calude (2001)

Auch ungeachtet dieser Kontroversc gehört die Geschichte des Vierfarbensatzes wohl zu den bemerkenswertesten in der Geschichte der Mathematik. An diesem Beweis bissen sich unzählige Mathematiker die Zähne aus. So fand zum Beispiel *Alfred Kempe* bereits im Jahre 1879 einen vermeintlichen Beweis des Vierfarbensatzes, in dem *Pearcy John Heawood* jedoch 1890 einen Fehler entdeckte. Sogar *Hermann Minkowski* unternahm über mehrere Wochen einen Beweisversuch in einer Einführungsvorlesung für Topologie, mit der Begründung, dass sich bisher nur Mathematiker dritten Ranges daran versucht hätten.

Wir wollen das Vierfarbenproblem nun in unserer Sprache der Graphentheorie formulieren. Ähnlich wie beim Königsberger Brückenproblem können wir jede ebene politische Landkarte in einen Graphen überführen: Wir können jedes Land als Ecke repräsentieren und immer dann zwei Ecken mit einer Kante verbinden, wenn die entsprechenden Länder eine gemeinsame Grenze (bestehend aus mehr als einem Punkt) besitzen. Damit überträgt sich die Färbbarkeit der Landkarte in die der Färbbarkeit planarer Graphen:

[1] Für die außerordentliche Geschichte, die zum Beweis des Vierfarbensatzes führte und *Heesch*s treibende Rolle, verweisen wir auf Bigalke (1988).

Es sei $G = (V, E)$ ein einfacher Graph und $f : V \to C \subset \mathbb{N}$ eine Abbildung von der Eckenmenge von $G$ in eine Menge von **Farben** $C$ (wobei wir jede Farbe mit einer Zahl kennzeichnen). Dann heißt $f$ eine **Eckenfärbung** von $G$. Gilt $f(u) \neq f(v)$ für beliebige Paare benachbarter Ecken $u, v \in V$, so nennen wir $f$ **zulässig.**

Es sei nun $m \in \mathbb{N}$. Dann heißt ein Graph $G = (V, E)$ $m$-**färbbar,** wenn es eine zulässige Eckenfärbung $f : V \to C$ mit $\sharp C = m$ gibt. Das minimale $m$ mit dieser Eigenschaft nennen wir die **chromatische Zahl** $\chi(G)$ von $G$. Der **Maximalgrad** $\Delta(G)$ ist das Maximum der Grade der Ecken von $G$.

Tatsächlich können wir die chromatische Zahl $\chi(G)$ eines Graphen $G$ durch seinen Maximalgrad $\Delta(G)$ abschätzen: Ein *Greedy-Algorithmus („gieriges Vorgehen")* zeigt, dass sich jeder Graph $G$ mit höchstens $\Delta(G) + 1$ Farben färben lässt, denn startend bei einer Ecke mit dem Grad $\Delta(G)$, können wir die $\Delta(G) + 1$ Farben auf diese Ecke und deren Nachbarn verteilen. Alle weiteren Ecken haben einen Grad $\leqslant \Delta(G)$, und damit sind stets genug Farben übrig, um eine zulässige Färbung zu erhalten. Obwohl die chromatische Zahl für viele Graphen echt kleiner als $\Delta(G) + 1$ ist, handelt es sich dabei bereits um die beste obere Abschätzung, wenn wir von einem beliebigen Graphen ausgehen. Denn diese obere Schranke wird in den Fällen $\chi(K_n) = n = \Delta(K_n) + 1$ und $\chi(C_{2m+1}) = 3 = \Delta(C_{2m+1}) + 1$ angenommen. Tatsächlich lässt sich aber zeigen, dass in allen anderen Fällen sogar $\chi(G) \leqslant \Delta(G)$ gilt. Wir fassen dies im folgenden Satz zusammen:

**Eine obere Abschätzung für die chromatische Zahl**

*Ist G ein vollständiger Graph oder ein Kreis mit einer ungeraden Anzahl an Ecken, so gilt*

$$\chi(G) = \Delta(G) + 1.$$

*Ansonsten ist*

$$\chi(G) \leqslant \Delta(G).$$

Wir kommen nun zurück zur Färbbarkeit *planarer* Graphen. Der $K_4$ offenbart bereits, dass drei Farben im Allgemeinen nicht ausreichen, um einen planaren Graphen zulässig zu färben:

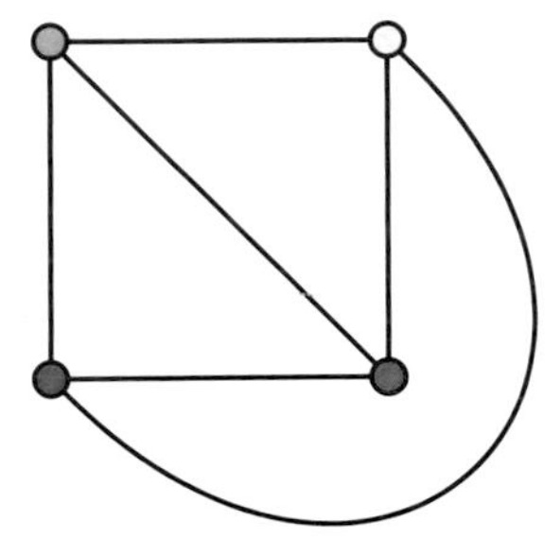

Der schwer zu beweisende Vierfarbensatz liefert also eine bestmögliche obere Schranke für die chromatische Zahl planarer Graphen. Im nächsten Kapitelchen werden wir immerhin beweisen, dass fünf Farben genügen. Zunächst aber zeigen wir den noch einfacher zu beweisenden Sechsfarbensatz:

**Sechsfarbensatz**
*Jeder planare Graph ist 6-färbbar.*

Für den **Beweis** verwenden wir wieder die *Kantenabschätzung für planare Graphen,* die wir bereits im vorherigen Kapitel kennengelernt haben. Sei $G = (V, E)$ ein beliebiger planarer Graph. Wir zeigen zunächst, dass $G$ eine Ecke vom Grad $\leqslant 5$ enthält.

Angenommen, dies wäre nicht der Fall, so hätten wir $d(v) \geqslant 6$ für alle $v \in V$. Da jede Kante genau zwei Ecken verbindet, gilt

$$\sum_{v \in V} d(v) = 2\sharp E, \quad \text{also} \quad 2\sharp E \geqslant \sum_{v \in V} 6 = 6\sharp V,$$

bzw. $\sharp E \geqslant 3\sharp V$. Nun besagt aber die *Kantenabschätzung für planare Graphen,* dass $\sharp E \leqslant 3\sharp V - 6$ ist, ein Widerspruch. Also muss $G$ mindestens eine Ecke vom Grad $\leqslant 5$ enthalten.

Um nun den Sechsfarbensatz zu beweisen, verwenden wir neben dieser Beobachtung wieder das Prinzip der Induktion, das wir ja auch bereits im vorherigen Kapitel kennen gelernt haben. Diesmal führen wir eine Induktion über die Anzahl der Ecken von $G$: Da wir sechs Farben zur Verfügung haben, stellen wir zunächst fest, dass die Aussage für Graphen mit höchstens sechs Ecken offensichtlicher Weise korrekt ist (das ist unser Induktionsanfang). Sei nun vorausgesetzt, dass alle Graphen mit $n = \sharp V$ Ecken 6-färbbar sind (Induktionsvoraussetzung). Im Induktionsschluss zeigen wir jetzt, dass dann auch alle Graphen mit $n + 1$ Ecken 6-färbbar sind. Dazu sei im Folgenden $G$ ein beliebiger planarer Graph mit $n + 1 = \sharp V \geqslant 7$ Ecken. Da $G$ planar ist, muss $G$, wie wir uns mit Hilfe der Kantenabschätzung überlegt haben, eine Ecke $v$ mit $d(v) \leqslant 5$ enthalten. Der Graph $G' := G \backslash \{v\}$ ist ebenfalls planar und enthält $\sharp V - 1$ Ecken. Nach Induktionsvoraussetzung ist $G'$ damit 6-färbbar. Da $v$ höchstens fünf Nachbarn hat, ist unter den sechs Farben mindestens eine Farbe übrig, in der kein Nachbar von $v$ in $G'$ gefärbt ist. Färben wir nun $v$ in dieser Farbe (und alle anderen Ecken in der Farbe, in der sie auch in $G'$ gefärbt sind), so erhalten wir schließlich eine zulässige Färbung von $G$. Also ist $G$ ebenfalls 6-färbbar, was den Beweis abschließt.

Zuletzt wollen wir uns noch etwas Anwendungsbezogenes ansehen. Wie in der Einleitung dieses Kapitelchens bereits erwähnt, helfen Graphenfärbungen auch beim Erstellen und Lösen von Sudokus.

*Sudoku* ist eine Abkürzung für einen japanischen Ausdruck, der übersetzt bedeutet, dass *Ziffern nur einmal vorkommen dürfen.* Dies beschreibt auch ziemlich treffend, was denn mit einem gegebenen $9 \times 9$-Gitter mit einigen wenigen Einträgen von Zahlen aus der Menge $\{1, 2, 3, \ldots, 9\}$ anzustellen ist: Jedes der $9 \cdot 9$ Felder ist mit einer Zahl $1, 2, 3, \ldots, 9$ so zu belegen, dass in jeder Zeile, in jeder Spalte und in jedem der neun $3 \times 3$-Teilgitter diese genau einmal auftritt (womit dann automatisch jede der Zahlen $1, 2, 3, \ldots, 9$ in jeder Zeile, jeder Spalte und jedem Teilgitter genau einmal vorkommt). Wahrscheinlich ist jedem Leser schon solch ein Sudoku über den Weg gelaufen, und vielleicht haben Sie sich auch schon an dessen Lösung gemacht.

Zur Vereinfachung und besseren Übersichtlichkeit betrachten wir hier nur Sudokus zu $4 \times 4$-Gittern, wo eine entsprechende Belegung mit Zahlen aus der Menge $\{1, 2, 3, 4\}$ gefunden werden soll. Jedes solche *gelöste* Sudoku steht dann für einen mit vier Farben gefärbten Graphen mit insgesamt 16 Ecken (für die $4 \cdot 4$ Felder) und 56 Kanten, die genau dann zwei Ecken verbinden, wenn diese in einer Zeile, in einer Spalte oder einem Teilgitter liegen. Wir illustrieren diesen bereits recht großen Graphen nur durch die Kanten, welche an die Ecke links oben angrenzen:

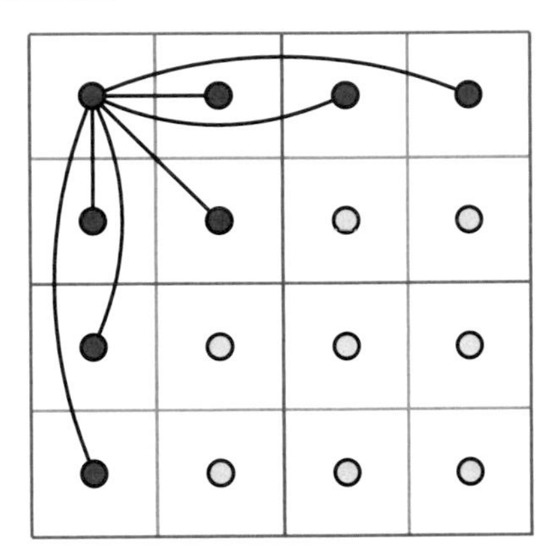

Beim Lösen eines Sudokus ist also solch ein mit vier Farben (je nach Zahlbelegung einiger Felder) teilweise gefärbter Graph zu Ende zu färben! Sind anfangs wenige Ecken eingefärbt, gibt es mehrere Lösungen; sind aber recht viele eingefärbt, gibt es vielleicht nur eine Lösung. Hier ein derartiges $4 \times 4$-Sudoku:

| | | | |
|---|---|---|---|
| **1** | | **3** | |
| | **2** | | |
| | | | **1** |
| **4** | | | |

Auf den zugehörigen Graphen verzichten wir. Eine Lösung des Sudokus findet sich auf den letzten Seiten...

# Listenfärbbarkeit

# 5

In diesem Kapitelchen gehen wir über den klassischen Färbbarkeitsbegriff hinaus und stellen (und beweisen) mit dem Fünflistenfärbbarkeitssatz ein erstes modernes Ergebnis vor.

Sei zu einem Graphen $G = (V, E)$ eine Familie $(C_v)_{v \in V}$ von Mengen gegeben, so heißt eine zulässige Färbung $f$ von $G$ mit $f(v) \in C_v$ für alle $v \in V$ eine **Listenfärbung.** Wir nennen $G$ dann $m$-**listenfärbbar,** wenn der Graph aus Listen $C_v$ von je $m$ Elementen (Farben) *stets* färbbar ist. Das minimale $m$ ist die **listenchromatische Zahl** $\chi_\ell(G)$. Natürlich gilt stets $\chi_\ell(G) \geqslant \chi(G)$. Gleichheit besteht im Allgemeinen aber nicht. So ist etwa der $K_{2,4}$ als bipartiter Graph sicherlich 2-färbbar, aber nicht 2-listenfärbbar, wie folgendes Beispiel illustriert:

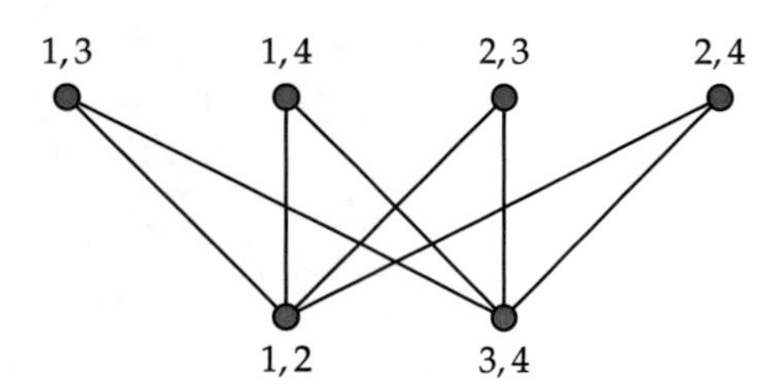


Für ein besseres Verständnis des etwas schwieriger fassbaren Begriff der *Listenfärbbarkeit* ist es eine sehr gute Übungsaufgabe, sich zu überlegen, *ob der* $K_{2,4}$ *denn wenigstens* 3-*listenfärbbar ist.*

Für den allgemeinen Fall gilt das folgende bemerkenswerte Resultat:



K. Mönius et al., *Einführung in die Graphentheorie,* essentials,
https://doi.org/10.1007/978-3-658-33108-5_5

**Fünflistenfärbbarkeitssatz**
*Jeder planare Graph ist 5-listenfärbbar.*

Dieses Resultat wurde 1994 von *Carsten Thomassen* bewiesen. Insbesondere gilt somit der *Fünffarbensatz* bzw., dass jede Landkarte mit höchstens fünf Farben eingefärbt werden kann.

**Beweis:** Durch Hinzufügen von Kanten kann sich die Anzahl der benötigten Farben höchstens vergrößern. Also besteht für die listenchromatischen Zahlen die Ungleichung

$$\chi_\ell(G') \leqslant \chi_\ell(G)$$

für jeden Teilgraphen $G'$ von $G$. Insofern dürfen wir im Folgenden annehmen, dass $G$ zusammenhängend ist. Ferner ist $G$ nach Voraussetzung planar, und wir nehmen darüber hinaus sogar an, dass sämtliche beschränkten Flächen von *genau* drei Kanten berandet (also ein *Dreieck*) sind. Letzteres folgt aus der vorangegangenen Ungleichung für die listenchromatischen Zahlen für $G = K_4 - e$ und $G' = C_4$ bzw. Triangulierungen $G$ von $G' = C_j$. Für den Beweis genügt es also die nachstehende stärkere Aussage zu zeigen:

*Der Graph $G = (V, E)$ genüge den oben aufgeführten Bedingungen und sei $B$ der die unbeschränkte Fläche begrenzende geschlossene Kantenzug. Ferner gelte für die Listen $C(v)$ der Ecken $v \in V$ noch:*

(i) *Zwei benachbarte Ecken $w, z$ in $B$ sind bereits mit verschiedenen Farben $\omega, \zeta$ gefärbt;*

(ii) *$\sharp C(v) \geqslant 3$ für alle $v \in B$ verschieden von $w$ und $z$;*

(iii) *$\sharp C(v) \geqslant 5$ für alle $v$ aus dem Inneren von $G$, also $v \in V \setminus B$. Dann kann die Färbung von $w, z$ zu einer zulässigen Färbung von $G$ mit Farben aus den Listen $C(v)$ fortgesetzt werden mit $\chi_\ell(G) \leqslant 5$.*

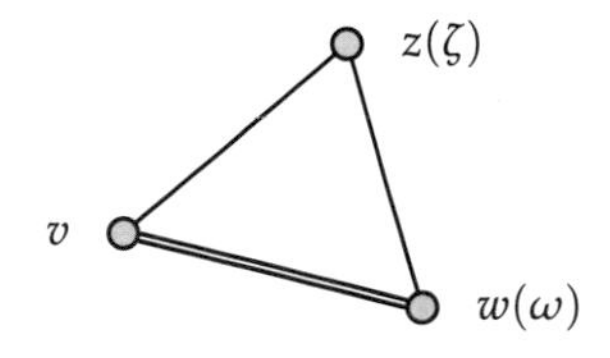

Besitzt $G$ nur drei Ecken, so ist $G = C_3$, und für die ungefärbte Ecke $v$ gibt es wegen $\sharp C(v) \geqslant 3$ eine zulässige (von $\omega$ und $\zeta$ verschiedene) Farbe. Diese Beobachtung bildet den Induktionsanfang unseres Induktionsbeweises. Für $\sharp V > 3$ verfahren wir wie folgt.

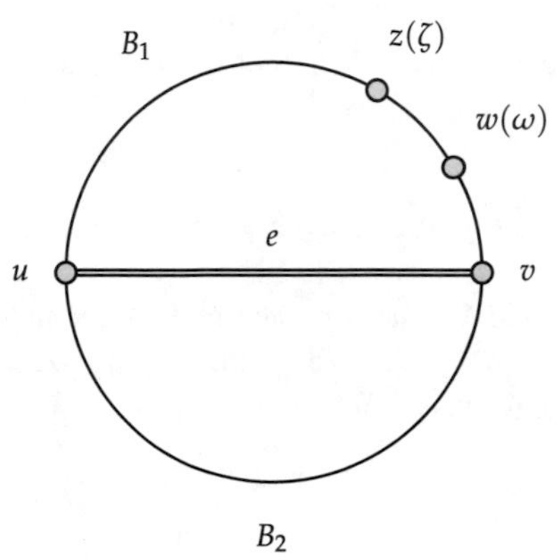


<u>1. Fall:</u> *Angenommen, es gibt eine Kante* $e = \{u, v\}$*, die nicht in* $B$ *liegt, aber zwei Ecken* $u, v$ *in* $B$ *verbindet.* Dann zerlegt sich der Rand $B$ in Kantenzüge $B_1$ und $B_2$ gemäß dem obigen Bild und der Teilgraph $G_1$, der durch $B_1 \cup \{e\}$ berandet ist und $w, z$ im Rand enthält, ist somit nach Induktionsvoraussetzung 5-listenfärbbar. Hierbei benutzen wir, dass $e$ nicht in $B$ liegt, also $B_2$ mindestens eine Ecke besitzt, die nicht in $G_1$ liegt. In dieser Färbung seien die Farben von $u$ und $v$ gegeben durch $\mu$ und $\nu$. Für den Teilgraphen $G_2$, der durch $B_2 \cup e$ berandet ist, ergibt sich mit dieser Vorfärbung $\mu$ und $\nu$ von $u$ und $v$ (anstelle von $w$ und $z$) per Induktionsvoraussetzung die 5-Listenfärbbarkeit für $G_2$, die mit der für $G_1$ kompatibel ist, womit also insgesamt auch $G$ 5-listenfärbbar ist.

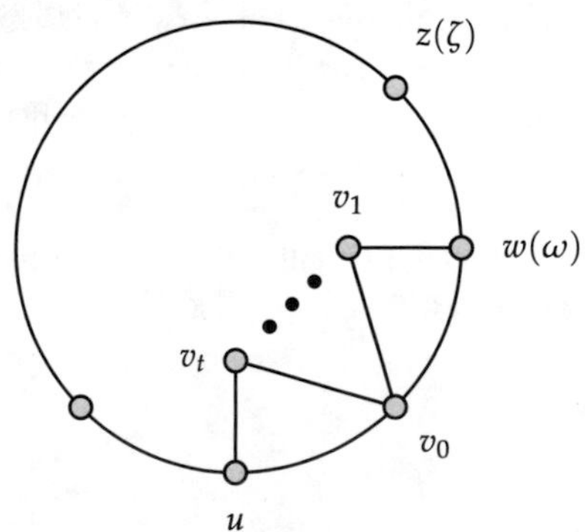

2. Fall: *Angenommen, es gibt keine solche Kante* $e = \{u, v\}$ *(wie im ersten Fall angenommen).* Sei $v_0$ die auf der anderen Seite von $w$ liegende Ecke in $B$ (gegenüber von $z$). Ferner seien $w, v_1, \ldots, v_t, u$ die Nachbarn von $v_0$ mit $u \in B$ (entsprechend dem obigen Bild). Schließlich sei noch $G'$ der Teilgraph von $G$, der durch Entfernen der Ecke $v_0$ und Löschen aller angrenzenden Kanten entsteht. Dann ist der die unbeschränkte Fläche berandende geschlossene Kantenzug $B'$ von $G'$ gegeben durch

$$\Big(B \setminus \{v_0\}\Big) \cup \{v_1, \ldots, v_t\}.$$

Wegen $\sharp C(v_0) \geqslant 3$ (nach (ii)) existieren Farben $\gamma, \delta \in C(v_0)$ verschieden von $\omega$ (der Farbe von $w$). Ersetzen wir jede Liste $C(v_i)$ durch $C(v_i) \setminus \{\gamma, \delta\}$ für $i = 1, \ldots, t$, so erfüllt $G'$ alle Voraussetzungen und ist per Induktionsvoraussetzung 5-listenfärbbar. Mit der Wahl $\gamma$ oder $\delta$ als Farbe für $v_0$ setzt sich diese Färbung von $G'$ auf $G$ fort und der Beweis ist vollbracht.

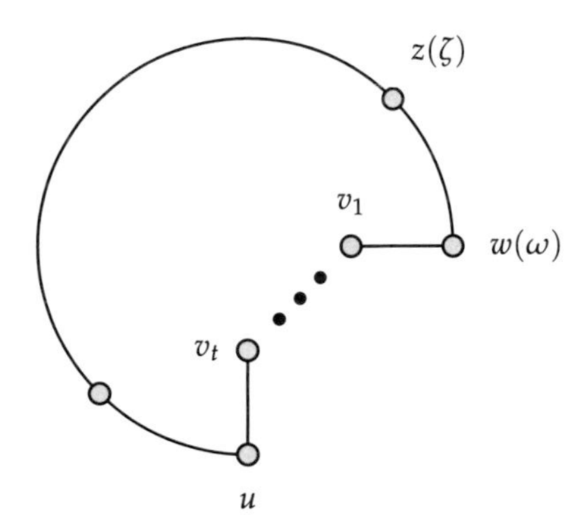


Interessanterweise greift der Beweis nicht auf die *Eulersche Polyederformel* zurück; vielmehr wird die Idee der Triangulierung benutzt (wie sie *Henri Poincaré* mit seinen Arbeiten zur Topologie in die Mathematik einbrachte).

Das bislang kleinste bekannte Beispiel eines Graphen, der nicht 4-listenfärbbar ist (siehe das Monster auf der nächsten Seite), fand *Maryam Mirzakhani* als Neunzehnjährige. Sie wurde insbesondere für ihre bahnbrechenden Arbeiten zu Riemannschen Flächen mit der Fields-Medaille 2014 ausgezeichnet und verstarb 2017 in ihrem 41. Lebensjahr viel zu früh.

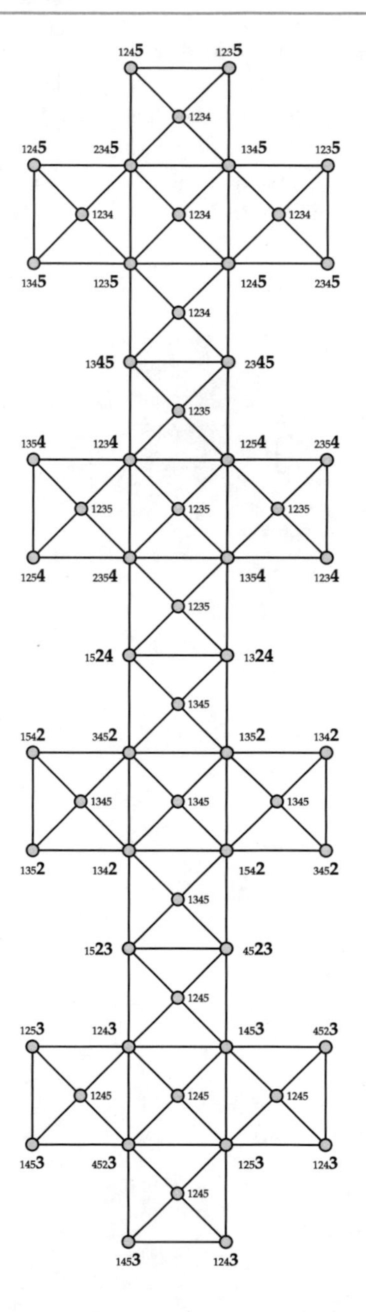
1245
1235
1234
1245
2345
1345
1235
1234
1234
1234
1345
1235
1245
2345
1234
1345
2345
1235
1354
1234
1254
2354
1235
1235
1235
1254
2354
1354
1234
1235
1524
1324
1345
1542
3452
1352
1342
1345
1345
1345
1352
1342
1542
3452
1345
1523
4523
1245
1253
1243
1453
4523
1245
1245
1245
1453
4523
1253
1243
1245
1453
1243

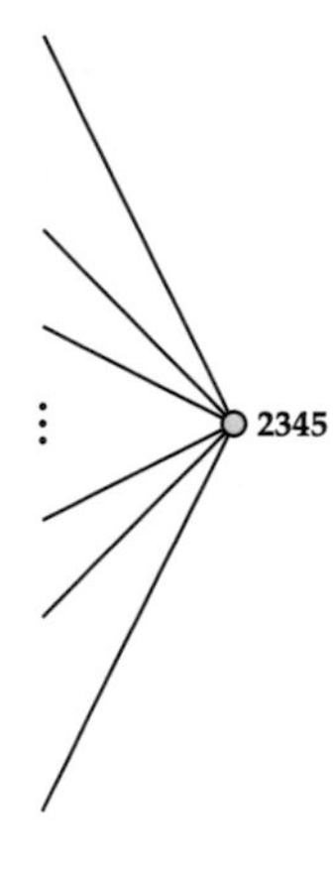
2345

Kürzlich erzielte der Biologe und Hobby-Mathematiker *Aubrey de Grey* einen Fortschritt bei dem **Hadwiger-Nelson-Problem.** Hierbei geht es um die minimale Anzahl $\chi$ der Farben, die benötigt werden, um die Punkte der Ebene so einzufärben, dass keine zwei Punkte mit Abstand 1 gleich gefärbt sind. Mit seinem neuen Beispiel ist nunmehr klar, dass $\chi \geqslant 5$ gilt (siehe Honner 2018). Das nachstehende Bild von *Hugo Hadwiger* (1945) zeigt zudem $\chi \leqslant 7$.

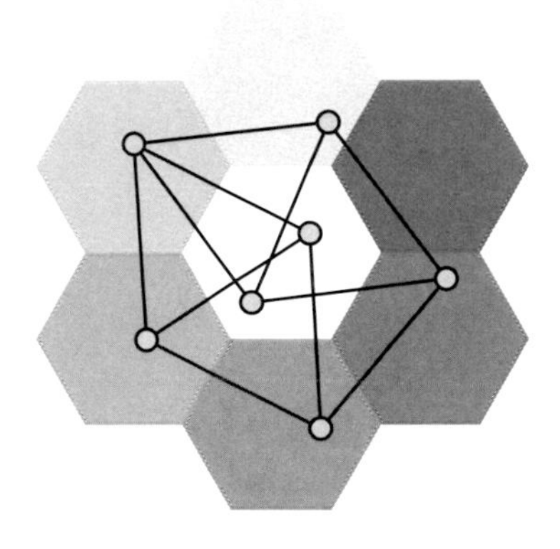

# Die Party geht weiter... 6

Als sich die kleine Party von Graf Zahl langsam dem Ende zuneigt, fällt ihm in Erinnerung an das Gläserklingen zu Beginn beim Verteilen der nächsten Getränke schließlich noch ein letztes Spiel für seine Gäste ein: *Wie oft können sie ihre Gläser miteinander klingen lassen, so dass unter je drei Personen allerdings nicht alle miteinander angestoßen haben?* Da außerdem noch eine letzte Portion frisch gebackene Kekse ansteht, dauert es nicht lange bis das Krümelmonster zur Stelle ist: „Um die maximale Anzahl an Gläserklingen herauszufinden, können wir ebenso auf sechs Ecken (die wieder für uns stehen) versuchen, so viele Kanten wie möglich zu zeichnen, so dass der sich ergebende Graph kein **Dreieck** enthält, also keinen Teilgraphen isomorph zu $K_3$ (bzw. $C_3$), oder anders formuliert, je drei Ecken nicht alle miteinander verbunden sind. Du hilfst uns auch dabei, Graf Zahl, oder?“

Sofort starten alle mit dem Zeichnen von möglichst vielen Kanten, und nach ein paar Versuchen erinnert sich Graf Zahl an den Ratschlag eines alten Freundes: Wenn ein Problem sehr groß scheint, dann ist es manchmal hilfreich, falls möglich, erst kleinere Beispiele zu betrachten. Und so beginnt er zuerst mit nur drei Ecken, zwischen denen wir alle Kanten bis auf eine ziehen dürfen, um noch kein Dreieck zu erhalten.

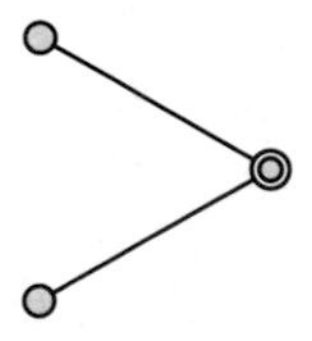

Bei vier Ecken zeichnet Graf Zahl erst den vollständigen Graph $K_4$ mit insgesamt $\binom{4}{3} = \binom{4}{1} = 4$ Dreiecken auf, aus dem wir mindestens eine Kante entfernen müssen, wobei aus Symmetriegründen egal ist, welche genau. Nach dem Entfernen enthält


K. Mönius et al., *Einführung in die Graphentheorie,* essentials,
https://doi.org/10.1007/978-3-658-33108-5_6

der neue Graph immer noch zwei Dreiecke, die wir dann aber durch Entfernen der Kante zwischen den beiden anderen Ecken auflösen können.

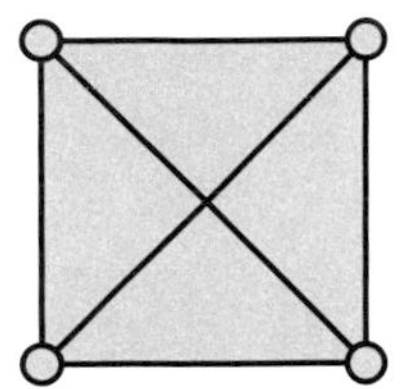 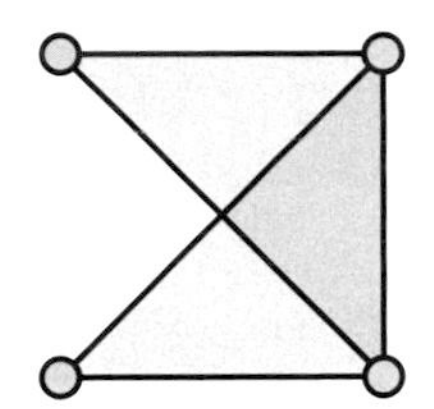 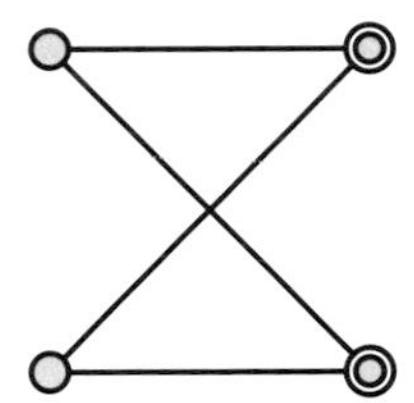

Es dauert nur eine klitzekleine Weile, da ruft das Krümelmonster von weiter her: „Graf Zahl, du hast mich auf eine Idee gebracht, kommen dir die beiden Graphen nicht auch irgendwie bekannt vor, es sind die vollständig bipartiten Graphen $K_{2,1}$ und $K_{2,2}$. Wenn ich es mir genauer überlege, sind die vollständig bipartiten Graphen, deren Eckenmengen jeweils in zwei Teilmengen zerfallen, so dass es nur Kanten mit Ecken aus beiden Teilen gibt, sogar allgemein frei von Dreiecken. Wählen wir dort nämlich drei beliebige Ecken aus, so liegen nach dem Schubfachprinzip (mindestens) zwei davon in einem der beiden Teile, und sind nicht miteinander verbunden. In unserem Fall kann $K_{a,b}$ mit $a + b = 6$ dann $a \cdot b$ Kanten liefern, was für $a = b = 3$ immerhin $3 \cdot 3 = 9$ Kanten ergibt. Genauso können wir noch allgemeiner zwischen gerade vielen Ecken $n$ wie bei $K_{n/2,n/2}$ mindestens $n/2 \cdot n/2 = n^2/4$ Kanten ziehen, ohne dabei Dreiecke zu erzeugen, was sogar ungefähr der Hälfte aller $\binom{n}{2} = n \cdot (n-1)/2$ möglichen Kanten entspricht."

Und in der Tat entspricht dies gleichzeitig der maximal möglichen Anzahl an Kanten, um Dreiecke zu vermeiden, wie *Paul Turán* um 1941 demonstriert hat, wobei er neben Dreiecken erstmals sogar auch noch $r$-**Cliquen** (siehe Seite 16) für beliebiges $r \geqslant 2$ mitbehandelt.

**Satz von Turán**

*Die Anzahl der Kanten in einem einfachen Graphen $G = (V, E)$ mit $n$ Ecken ohne $r$-Clique ($r \geqslant 2$), also ohne zu $K_r$ isomorphen Teilgraphen, ist höchstens*

$$\left(1 - \frac{1}{r-1}\right) \cdot \frac{n^2}{2}.$$

Wir beweisen die Aussage mal wieder mit Hilfe von Induktion, dieses Mal über die Anzahl $n$ der Ecken.

Für $n < r$ ist alles klar, denn $G$ besitzt auf alle Fälle höchstens so viele Kanten wie der vollständige Graph auf $n$ Ecken, in dem alle

$$\binom{n}{2} = \frac{n \cdot (n-1)}{2} = \frac{n^2 - n}{2} = \left(1 - \frac{1}{n}\right) \cdot \frac{n^2}{2} \leqslant \left(1 - \frac{1}{r-1}\right) \cdot \frac{n^2}{2}$$

Kanten vorhanden sind (Induktionsanfang).

Sei nun $G$ ein Graph auf $n \geqslant r$ Ecken ohne $r$-Clique mit *maximal* vielen Kanten, und noch angenommen, dass die Aussage schon für alle Graphen auf weniger als $n$ Ecken ohne $r$-Clique bestünde (Induktionsvoraussetzung). Dann gibt es in $G$ eine $(r-1)$-Clique, deren Ecken wir in der Menge $C$ zusammenfassen: Im Sonderfall $r = 2$ stellt sogar jede Ecke eine 1-Clique dar, und ansonsten würde das Fehlen einer $(r-1)$-Clique ermöglichen, eine beliebige Kante zu ergänzen, ohne dabei eine $r$-Clique zu erzeugen. Entfernt man nämlich aus einer solchen $r$-Clique umgekehrt nur (diese) eine Kante (wieder), so würden dort sogar noch zwei $(r-1)$-Cliquen verbleiben. Insgesamt wäre dann aber die Maximalität von $G$ bezüglich der Anzahl an Kanten verletzt.

Auf den übrigen $n - (r-1) < n$ Ecken aus $V \setminus C$ finden wir neben den $\binom{r-1}{2}$ Kanten der $(r-1)$-Clique dann auf $C$ laut Induktionsvoraussetzung weiter höchstens

$$\left(1 - \frac{1}{r-1}\right) \cdot \frac{(n-r+1)^2}{2}$$

Kanten. Nun brauchen wir nur noch die Kanten von einer Ecke aus $C$ zu einer Ecke aus $V \setminus C$ zählen. Betrachten wir eine Ecke $v$ in $V \setminus C$, so kann $v$ nicht mit allen $r-1$ Ecken aus $C$ verbunden sein, da sonst auf $C \cup \{v\}$ eine $r$-Clique vorliegen würde. Folglich kommen für jede der $n-r+1$ Ecken aus $V \setminus C$ nicht mehr als $r-2$ Kanten nach $C$ hinzu, und $G$ hat insgesamt wie gewünscht höchstens

$$\begin{aligned}
&\binom{r-1}{2} + \left(1 - \frac{1}{r-1}\right) \cdot \frac{(n-r+1)^2}{2} + (n-r+1) \cdot (r-2) \\
&= \frac{r-2}{r-1} \cdot \left((r-1)^2 + (n-(r-1))^2 + 2 \cdot (n-(r-1)) \cdot (r-1)\right)/2 \\
&= \left(1 - \frac{1}{r-1}\right) \cdot \frac{n^2}{2}
\end{aligned}$$

Kanten, was den Beweis abschließt.

Für $n = 6$ und $r = 3$ verrät der Satz von Turán also, dass wirklich nicht mehr als

$$\left(1 - \frac{1}{3-1}\right) \cdot \frac{6^2}{2} = 9$$

Kanten gezeichnet werden können, so wie in dem vom Krümelmonster gefundenen Extrembeispiel $K_{3,3}$. Noch allgemeiner erforscht man in der **extremalen Graphentheorie,** welche Graphen mit einer vorgegebenen Eigenschaft (zum Beispiel keine Dreiecke zu besitzen) einen Graphenparameter (hier die Anzahl der Kanten) maximieren oder minimieren.

Doch auf der kleinen Party sind nun alle Gäste mehr als glücklich. Das Krümelmonster hat seine letzte Portion leckere Kekse bekommen, und Graf Zahl geht nach gemeinsamen Verabschieden so zufrieden ins Bett, dass er zum Einschlafen nicht mal mehr Schafe zählen muss.

# Fragen und Antworten und weitere Fragen

Unsere erste Frage beschäftigte sich damit, ob der Petersen-Graph (siehe Kap. 1) einen Euler- bzw. Hamilton-Kreis enthält. Da alle Eckengrade ungerade sind, gibt es nicht einmal einen eulerschen Kantenzug. Hingegen existiert jedoch ein hamiltonscher Kantenzug, wie die nachfolgende Illustration zeigt:

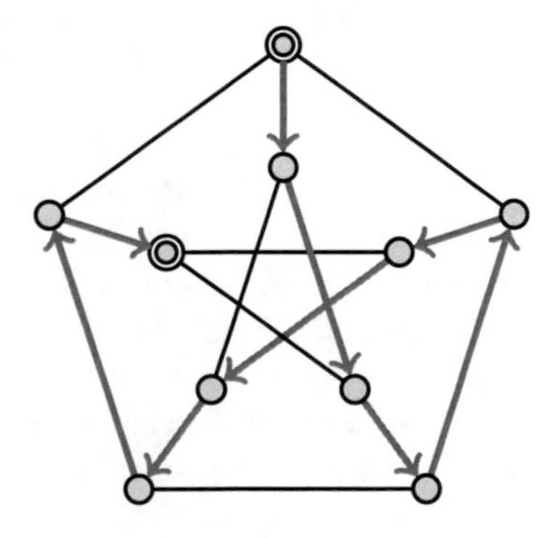

Allerdings gibt es keinen Hamilton-Kreis:

Angenommen, es gäbe einen Hamilton-Kreis, dann färben wir dessen zehn Kanten abwechselnd mit zwei verschiedenen Farben; die restlichen fünf Kanten mit einer dritten Farbe. Weil alle Ecken Grad 3 haben, ergäbe sich so eine *3-Kantenfärbung*, was da heißt, dass keine zwei gleichfarbigen Kanten eine gemeinsame Ecke besitzen. *So etwas kann es aber nicht geben:* Für den umrandenden Kreis $C_5$ werden alle drei Farben benötigt, eine jedoch nur genau einmal, etwa Grün. Selbiges gilt für den inneren Stern $C_5$. Weil der Eckengrad überall 3 ist, sind die Farben für die fünf verbindenden Kanten (Brücken) sowohl durch den äußeren Kreis als auch



K. Mönius et al., *Einführung in die Graphentheorie,* essentials,
https://doi.org/10.1007/978-3-658-33108-5

durch den inneren Stern jeweils eindeutig bestimmt. Damit tragen die der äußeren grünen Kante gegenüberliegenden, aufeinanderfolgenden Brücken ebenfalls Grün; die anderen beiden tragen die anderen zwei Farben. Für den inneren Stern ergeben sich so drei nicht aufeinanderfolgende, gleichgefärbte Brücken.

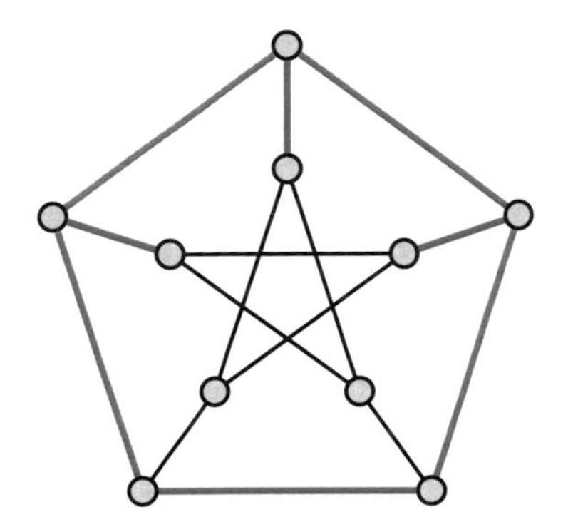

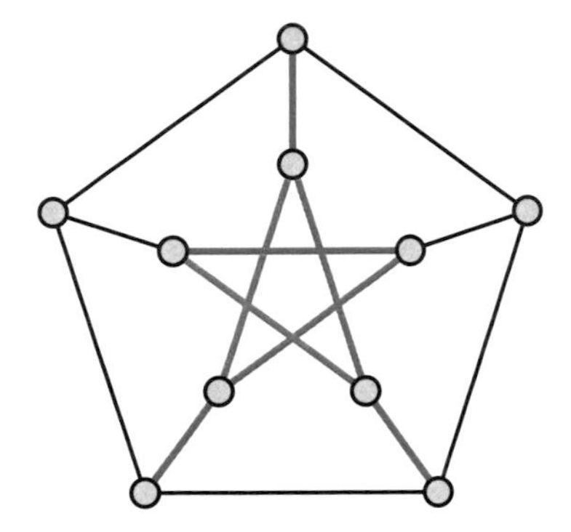

Sind diese alle grün, so gäbe es mindestens vier grüne Brücken. Sind sie nicht grün, so gäbe es zusammen mit den drei grünen Brücken, die der äußere Kreis uns mitgegeben hat, insgesamt sechs Brücken, was nicht sein kann.

Wie in der Mathematik so üblich, führt eine Antwort schnell auf eine neue Frage: Wie weit ist der Petersen-Graph davon entfernt, einen Hamilton-Kreis zu besitzen? Genauer: *Durch Hinzunahme von wie vielen Kanten ergäbe sich ein Graph, der einen Hamilton-Kreis besitzt?* Und wem das zu leicht ist, der frage sich, *wie viele Farben denn zum Färben des Petersen-Graphen notwendig sind?*

Würden die Bewohnerinnen von Flatland auf die Oberfläche eines Donuts (bzw. *Torus*) umsiedeln, so ließen sich tatsächlich einige Probleme hinsichtlich der Gas-, Wasser- und Stromversorgung lösen (wenn die Flatländer sich denn auf höchstens drei Wohnhäuser zurückziehen könnten). Die Fragen zum überschneidungsfreien Zeichnen des $K_{3,3}$ und des $K_5$ aus Kapitel 3 beantworten die nachstehenden Bilder:

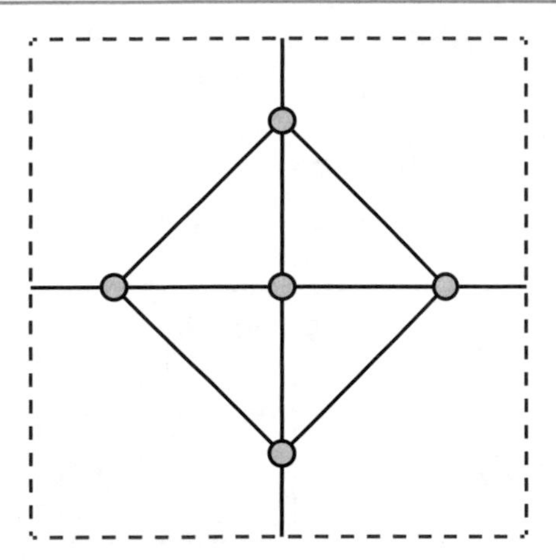

bzw.

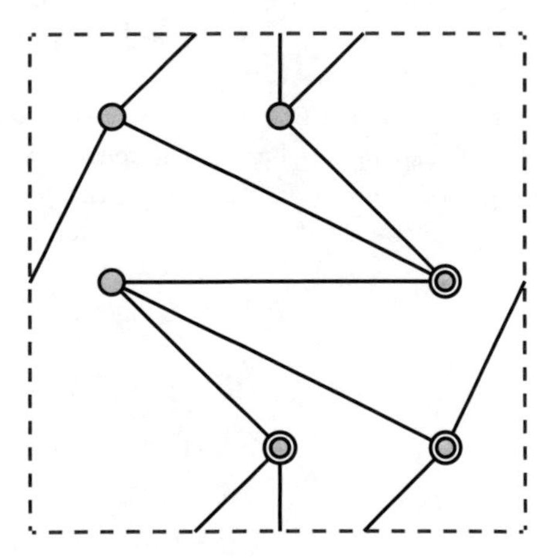

Hierbei sind die gegenüberliegenden (gleichfarbigen) Kanten der Quadrate zu identifizieren, was diese dann zu einem Torus *verklebt*. Eine anschließende Frage für die unermüdliche Leserin wäre hier, *wie viele Farben denn mindestens notwendig sind, um einen beliebigen überschneidungsfreien Graphen auf dem Torus zu färben?*

Nachstehend die Lösung unseres Sudoku-Problems (von Kap. 4):

| | | | |
|---|---|---|---|
| **1** | 4 | **3** | 2 |
| 3 | **2** | 1 | 4 |
| 2 | 3 | 4 | **1** |
| **4** | 1 | 2 | 3 |

Und hier unsere anschließende Frage an all diejenigen, die nicht genug graphentheoretisches Denkfutter bekommen können: *Sind die einzufärbenden Sudoku-Graphen zu den* $4 \times 4$*- bzw.* $9 \times 9$*-Gittern planar?*

Vielleicht sind jetzt noch nicht alle Fragen beantwortet. Auf keinen Fall sollte der Leser sich darüber ärgern, sondern lieber reflektieren, wie viel sie oder er beim Lesen dieses Büchleins gelernt hat. Und für ein tieferes Eintauchen in die Welt der Graphen empfehlen wir die Literatur auf der nächsten Seite...

# Literatur

Abbott, E.A.: Flatland. A Romance of Many Dimensions. Veen Magazines, Diemen (2008) (Nachdruck der zweiten Auflage des Originals von 1884)

Aigner, M.: Graphentheorie. Eine Einführung aus dem 4-Farben Problem, 2 Aufl. Springer, Berlin (2015)

Bigalke, H.G.: Heinrich Heesch. Birkhäuser, Basel (1988)

Biggs, N.L., Lloyd, E.K., Wilson, R.J.: Graph Theory. 1736–1936, 2. Aufl. Clarendon & Oxford University Press, New York (1986)

Brandenberg, R., Gritzmann, P.: Das Geheimnis des kürzesten Weges. Ein mathematisches Abenteuer. Springer, Berlin (2002)

Calude, A.: The journey of the four-color-theorem through time. New Zealand Math. Mag. **38**, 27–35 (2001)

Clark, J., Holton, D.A.: Graphentheorie. Springer, Berlin (1994)

Eppstein, D.: The geometry Junkjard. https://www.ics.uci.edu/~eppstein/junkyard/. Zugegriffen: 22. Okt. 2020

Honner, P.: Four is not enough. Quantamagazine. June (2018)

Kaibel, V., Koch, T.: Mathematik für den Volkssport. DMV-Mitteilungen **14**(2), 93–96 (2006)

Landman, B., Robertson, A.: Ramsey Theory on the Integers, 2 Aufl. AMS, Providence (2014)

Mönius, K., Steuding, J., Stumpf, P.: Algorithmische Graphentheorie. Springer, Berlin (2021)

Oswald, N., Steuding, J.: Elementare Zahlentheorie. Springer, Berlin (2015)



K. Mönius et al., *Einführung in die Graphentheorie,* essentials,
https://doi.org/10.1007/978-3-658-33108-5

Die angeführte Literatur ist bestens geeignet, das gereifte Interesse an den Graphen weiterzuentwickeln. Zuallererst seien hier die Lehrbücher (Aigner 2015; Clark und Holton 1994) genannt, in denen sich beispielsweise der Beweis des Satzes von Kuratowski mit allen nötigen Details findet.

Wer sich für die historische Entwicklung der Graphentheorie interessiert, ist bestens mit (Biggs et al. 1986) bedient. Die Entwicklungen bzgl. des Vierfarbensatzes beschreibt (Bigalke 1988) und ein wenig (Calude 2001).

Mehr zu Sudokus und weitere mathematische Lösungsansätze finden sich in (Kaibel und Koch 2006). Und für weitere Informationen zum aktuellen Stand beim *Hadwiger-Nelson-Problem* verweisen wir auf (Honner 2018).

Um noch mehr über Ramsey-Theorie zu erfahren, und einen Überblick von den Grundlagen bis hin zur aktuellen Forschung zu erhalten, empfehlen wir das Buch (Landman und Robertson 2014), in dem neben zahlreichen Aufgaben zum Üben auch viele ungelöste Probleme vorgestellt werden.

Das Buch (Brandenberg und Gritzmann 2002) fällt etwas aus dem Rahmen; es ist ein mutiger Versuch, in die Graphentheorie in der Form eines Romans einzuführen. Und (Abbott 2008) beschreibt das Leben in Flatland und seiner Bewohner.

Für den Fall, dass gewisse Vorkenntnisse für unseren Text fehlen sollten, verweisen wir auf (Oswald und Steuding 2015) als *sanften Einstieg in die höhere Mathematik*.

Schließlich machen wir an dieser Stelle noch ein letztes Mal Werbung für (Mönius et al. 2021), welches die konstruktiven und algorithmischen Aspekte in den Vordergrund stellt und insofern sowohl eine Alternative als auch ein Komplement zu diesem Büchlein ist.

# Was Sie aus diesem *essential* mitnehmen können

In diesem *essential* haben sie gelernt,

- was die Grundlagen der Graphentheorie sind,
- in welchen Graphen Euler-Kreise existieren und wann es einen Hamilton-Kreis geben muss,
- inwiefern viele Gäste hilfreich für eine problemlose Party sind,
- welche Graphen sich überschneidungsfrei zeichnen lassen und welche nicht, und was das mit den platonischen Körpern zu tun hat,
- dass Graphentheorie im wahrsten Sinne des Wortes eine farbenfrohe und geschichtenreiche Wissenschaft sein kann.

Und vor allem hoffen wir, Ihnen ein Beispiel gegeben zu haben, dass Mathematik bunt ist und Spaß machen kann!



K. Mönius et al., *Einführung in die Graphentheorie*, essentials,
https://doi.org/10.1007/978-3-658-33108-5

Printed in the United States
by Baker & Taylor Publisher Services